Anna Racina

Vermischung in Taylor-Couette Strömung

Vermischung in Taylor-Couette Strömung

von
Anna Racina

universitätsverlag karlsruhe

Dissertation, Universität Karlsruhe (TH)
Fakultät für Chemieingenieurwesen und Verfahrenstechnik, 2008

Impressum

Universitätsverlag Karlsruhe
c/o Universitätsbibliothek
Straße am Forum 2
D-76131 Karlsruhe
www.uvka.de

Universitätsverlag Karlsruhe 2009
Print on Demand

ISBN: 978-3-86644-315-0

Vermischung

in Taylor-Couette Strömung

zur Erlangung des akademischen Grades eines

Doktors der Ingenieurwissenschaften (Dr.-Ing.)

der Fakultät für Chemieingenieurwesen und Verfahrenstechnik
der Universität Fridericiana Karlsruhe (TH)

genehmigte
DISSERTATION

von
Dipl.-Ing. Anna Racina

Referent: Prof. Dr.-Ing. Matthias Kind

Korreferent: Prof. Dr. Bettina Kraushaar-Czarnetzki

Tag des Kolloquiums: 08.07.2008.

Vorwort

Die vorliegende Arbeit entstand während meiner Tätigkeit als Wissenschaftliche Mitarbeiterin am Institut für Thermische Verfahrenstechnik der Universität Karlsruhe in der Zeit zwischen Oktober 2002 und Dezember 2006. An dieser Stelle möchte ich den vielen Menschen danken, die zur Entstehung der Arbeit beigetragen haben.

Mein besonderer Dank gilt meinem Doktorvater, Herrn Prof. Dr.-Ing. Matthias Kind, für seine Unterstützung und Förderung, wertvolle Anregungen und die große wissenschaftliche Freiheit, die er mit stets gewährte.

Frau Prof. Dr. Bettina Kraushaar-Czarnetzki danke ich für die freundliche Übernahme des Korreferats und Ihr Interesse an meiner Arbeit.

Der Deutschen Forschungsgemeinschaft DFG danke ich für die nachhaltige finanzielle Unterstutzung des Projektes im Rahmen des Schwerpunktprogramms SPP1141 „Strömungsmischer", welche die technische Ausstattung der Experimente auf modernstem Stand und den Wissensaustausch mit gleichgesinnten Forschern deutschlandweit ermöglichte.

Separat möchte ich mich bei Herren Lothar Eckert, Michael Wachter, Roland Nonnemacher, Stefan Fink, Markus Keller und Markus Gschwind bedanken, deren Kreativität, Erfahrung und handwerkliches Geschick beim Aufbau der Versuchsanlage unersetzlich waren.

Herr Sascha Christen, Herr Johann Siemens und Frau Heike Sigloch haben als Studienarbeiter und Hilfswissenschaftler mit großem Engagement die Durchführung zahlreicher Experimente übernommen, wofür ihnen mein herzlicher Dank gilt.

Herrn Dr. Matej Pozarnik von der Universität Maribor (Slowenien) danke ich für seine theoretischen und praktischen Beiträge zur Experimentgestaltung und Bildauswertung, welche er während seines Aufenthalts am Institut als Gastwissenschaftler geleistet hat.

Meinen Mitassistenten am Institut danke ich für das hervorragende Arbeitsklima mit vielen anregenden Diskussionen sowie für schöne Zeiten innerhalb und ausserhalb des Institutes.

Meinen Freunden und meiner Familie gilt mein herzlichster Dank für die stetige Unterstützung und Hilfe während der Promotionsjahre.

Inhaltsverzeichnis

1. Einleitung

1.1. Ausgangspunkt

Der Taylor-Couette Reaktor besteht aus zwei konzentrischen Zylindern, von denen der innere in Rotation versetzt wird. Er verfügt über eine einzigartige Strömungsstruktur im Spalt zwischen den Zylindern, die sich durch die so genannten Taylor-Wirbel auszeichnet. Dies sind torusförmige Wirbelzellen, die in zueinander entgegengesetzte Richtungen rotieren. Solch eine Strömungsstruktur bietet einige bedeutende Vorteile bei der Prozessführung.

Das Flüssigkeitsvolumen im Spalt zwischen den Zylindern ist klein im Verhältnis zur Oberfläche des Rührorgans (Innenzylinders). Deswegen ist die kinetische Energie der Flüssigkeitselemente, die für die Vermischung zur Verfügung steht, in der Flüssigkeit besser verteilt, als in herkömmlichen Rührkesseln. Somit ist auch die Mischintensität im Spalt zwischen den Zylindern gleichmäßig verteilt. Dadurch sind die Mischbedingungen, denen die in der Strömung sich befindenden Partikeln ausgesetzt sind, ausgesprochen schonend. Es treten keine lokalen Spitzen der Turbulenzintensität auf. Dies erlaubt die Herstellung von fragilen Partikeln oder die Zucht von lebendigen Zellen im Reaktor, ohne dass die Partikel oder Zellen durch die Zusammenstöße mit dem Rührorgan oder miteinander in den Zonen mit hoher Turbulenzintensität zerstört werden.

Ein zusätzlicher Vorteil für Prozesse mit komplexen Reaktionssystemen ist die Strömungsstruktur im Spalt. Die Wirbelzellen können als voneinander getrennte gut durchmischte Rührkessel betrachtet werden, die nur beschränkt mit den Nachbarzellen Masse austauschen. Eine solche Struktur ähnelt einer Kaskade von Rührkesseln, die eine enge Verweilzeitverteilung besitzt, und somit z.B. für Reaktionen mit Entstehung fester Partikel vorteilhaft ist.

Die besonderen Eigenschaften der Taylor-Couette Strömung können zur Durchführung unterschiedlichster Prozesse ausgenutzt werden. In der Literatur gibt es zahlreiche Studien, wo die Eignung des Taylor-Couette Reaktors für diverse Anwendungen getestet wurde. Bei Fällungsreaktionen z.B. resultiere die gleichmäßige Verteilung der Mischintensität in einer engen Partikelgrößenverteilung [Ogihara et al., 1995], [Barresi et al., 1999], [Jung et al., 2000], [Judat et al., 2004]. Dabei entstehen uniforme, kompakte Partikel, was für weitere Prozessschritte günstig sei. Durch die überlagerte Wirbelströmung sei der Stofftransport an der Oberfläche der Partikel verbessert. Dies könne bei der heterogenen Katalyse ausgenutzt werden, wie in [Iosilevski et al., 1993] gezeigt wurde. Die Katalysatorpartikel werden in den Wirbeln aufgehalten, sodass die Flüssigkeit kürzere Verweilzeiten habe, als die feste Phase [Resende et al., 2001]. Somit sei der Wirkungsgrad des Reaktors deutlich höher. Auch bei photokatalytischen Reaktionen an der Oberfläche der Katalysatorpartikel ergeben sich höhere Reaktionsraten und ein besserer Umsatz [Sczechowski et al., 1995], [Dutta & Ray, 2004]. Zur Bestrahlung der Strömung können Lampen ins Innere des Innenzylinders eingesetzt werden. Dabei werde das Volumen des Innenzylinders effizienter ausgenutzt, und die Flüssigkeit sei gleichmäßig dem Licht ausgesetzt.

Eine intensive jedoch schonende Vermischung sei für Prozesse mit lebendigen Zellen gut geeignet [Haut et al., 2003]. Unter anderem sei die Strömung zur Blutdialyse angewendet worden [Ameer et al., 1999a], [Ameer et al., 1999b], [Ameer et al., 1999c]. Dialysegeräte mit einem Taylor-Couette Reaktor als Mischeinheit seien bereits kommerziell erhältlich.

Die im Verhältnis zum Reaktorvolumen vergrößerte Oberfläche ermögliche verbesserte Wärmeaustauscheigenschaften, was vor allem bei Polymerisationsprozessen von Vorteil sei. Die Anwendung des Taylor-Couette Reaktors für Emulsionspolymerisation [Kataoka et al., 1995] und Lösungspolymerisation [Kossak, 2004] werden zurzeit diskutiert und finden großes Interesse in der Industrie. Dabei wird das Innere des Innenzylinders für die Zufuhr des Kühlmediums benutzt, was doppelte Vorteile biete. Zusätzlich zur effizienten Ausnutzung des Volumens ist der Wärmeübergang zwischen der Innenzylinderoberfläche und der Flüssigkeit viel größer, als an der Oberfläche des Außenzylinders.

Die bei niedrigen Drehzahlen des Innenzylinders enge Verweilzeitverteilung im Taylor-Couette Reaktor ermögliche die Gewinnung von Zwischenprodukten konsekutiver Reaktionen [Ouyang et al., 1992], [Vigil et al., 1992]. Eine weitere mögliche Anwendung des Taylor-Couette Reaktors für flüssig-flüssig Extraktion [Baier, 1999], [Baier et al., 2000] nutzt die unterschiedlichen Verweilzeiten der Flüssigkeiten unterschiedlicher Dichte im Reaktor aus [Zhu et al., 2000], [Zhu & Vigil, 2001].

Diese und weitere möglichen Anwendungen der Taylor-Couette Strömung wurden in der Literatur in den letzten Jahren intensiv diskutiert und finden auch in der Industrie steigendes Interesse. Als Ergebnis einiger Forschungsarbeiten auf dem Gebiet existieren empirische Korrelationen, die Produkteigenschaften mit den Prozessparametern verbinden. Es hat sich jedoch gezeigt, dass diese Korrelationen ohne allgemeines Verständnis von den Zusammenhängen zwischen den Strömungsbedingungen und dem Prozessablauf nur begrenzte Gültigkeit haben. Sobald die Geometrie der Strömung oder die Eigenschaften der Fluide sich ändern, sind die Korrelationen nicht mehr extrapolierbar und es besteht weiterhin Bedarf an experimentellen

Untersuchungen. Vor allem die sichere Maßstabübertragung erfordert vertiefte Kenntnisse über die Strömungsstruktur und das hydrodynamische Verhalten der Strömung. Die zentrale Frage dabei ist typischerweise, welche Kombination der Prozessgrößen die Produkteigenschaften im Laborreaktor sowie im großen Maßstab vollständig vorhersagen lässt.

Als Beispiel dazu kann die Arbeit von Coufort genannt werden [Coufort et al., 2005], der eine Flockung im Taylor-Couette Reaktor mit dem gleichen Prozess im Rührkessel verglichen hat. Die verbreitete Meinung dazu ist, dass bei einem konstanten Energieeintrag in die Strömung auch die Größe der entstehenden Agglomerate gleich bleibt. Coufort hat dagegen festgestellt, dass der Energieeintrag für die Partikelgröße nur eine geringe Rolle spielt. Diese ist viel mehr dadurch beeinflusst, welche Spitzenwerte die Energiedissipationsrate lokal an verschiedenen Stellen erreicht. Somit ist die Maßstabvergrößerung eines Flockungs-Prozesses nur dann korrekt, wenn die Verteilung der Energie in der Strömung konstant bleibt, nicht nur deren Mittelwert.

Solche Erkenntnisse zeigen, wie wichtig die Mischbedingungen für die in der Strömung ablaufenden Prozesse sind. Somit ist die industrielle Anwendung des Taylor-Couette Reaktors nur dann möglich, wenn die Strömung ausreichend untersucht wird, sodass die Auslegung und die Maßstabvergrößerung der Prozesse ohne großen experimentellen Aufwand sichergestellt sind. Daraus ergibt sich die Notwendigkeit weiterer Untersuchungen der Vermischung in der Taylor-Couette Strömung.

Die Vermischung ist eine der einfachsten und auch der ältesten verfahrenstechnischen Operationen. Nichtsdestoweniger sind die Kenntnisse über die Grundlagen der Vermischung mangelhaft. Der Problematik der Vermischung wurde erst in letzten Jahrzehenten angemessene Aufmerksamkeit gewidmet. Dabei ist die Vermischung bei jeder chemischer Reaktion der erste einleitende Schritt, der die Reaktanden zusammenführt und somit die Reaktion ermöglicht.

Einen Anfang der Diskussion über die Bedeutung der Vermischung in der Verfahrenstechnik kann man in [Hixson, 1944] finden, fortgeführt in der Reihe von jährlichen Übersichtsartikel von Rushton [Rushton, 1946], [Rushton, 1947], [Rushton, 1948], [Rushton, 1949], [Rushton, 1950], [Rushton, 1951], [Rushton, 1952], [Rushton, 1953], [Rushton, 1954], [Rushton, 1956], [Rushton, 1957], [Rushton, 1959]. Bereits 1944 hat Hixson festgestellt, dass ein großer Forschungsbedarf bei der Parametrisierung und der quantitativen Beschreibung der Vermischung existiere. Die gleiche Meinung vertrat auch Rushton 1946. 1949 sind die ersten Versuche, die

Mischgüte statistisch zu definieren, und 1951 der erste Scale-Up Versuch, von ihm erwähnt worden. 1952 erschien der Artikel von Danckwerts [Danckwerts, 1952], in dem eine Definition der Mischgüte und weiterer grundlegender Begriffe zur Beschreibung der Vermischung vorgeschlagen wurden. Diese Definitionen sind zum Teil bis heute noch aktuell. Parallel dazu wurde die Turbulenztheorie weiterentwickelt. Dies führte dazu, dass die Vermischung in turbulenten Strömungen durch Turbulenzparameter beschrieben werden konnte [Corrsin, 1957]. In [Danckwerts, 1958] und [Zwietering, 1959] wurde zum ersten Mal die Auswirkung der Mischbedingungen auf eine chemische Reaktion diskutiert. Die beiden Autoren haben gezeigt, dass eine falsch gewählte Vermischungsrate eine komplexe chemische Reaktion nicht nur verlangsamen, sondern auch komplett verändern kann. Damit wurde die Bedeutung der Vermischung in der Verfahrenstechnik bewiesen.

Seitdem wurden viele Arbeiten experimentellen und theoretischen Untersuchungen der Vermischung gewidmet. Eines der grundlegenden Probleme bei der Beschreibung der Mischvorgänge bleibt bis heute noch der Mangel an allgemeingültigen Parametern, die den Mischzustand der Flüssigkeit eindeutig definieren. Die 1977 gegründete European Working Party on Mixing, welche die Mischungsforscher aus Europa und der ganzen Welt in einer Reihe von Konferenzen zusammenbringt und somit den Wissensaustausch ermöglicht, versuchte in den letzten Jahren die Beschreibung der Vermischung bei verschiedenen Prozessen zu standardisieren, sodass die Ergebnisse verschiedener Studien miteinander verglichen werden können. Trotzdem bleiben auf dem Gebiet noch viele offene Fragen und daher weiterhin die Herausforderung für weitere Untersuchungen, die zum tieferen Verständnis der Mischungsvorgänge beitragen werden.

1.2. Zielsetzung und Vorgehensweise

In der neusten Zeit, mit einem markanten Fortschritt in modernen Methoden zur Untersuchung der Vermischung, ist auch die theoretische Basis zur Beschreibung der Mischvorgänge wesentlich entwickelt worden - s. z. B. [Vicum et al., 2004]. Es existieren Modellansätze für die Vermischung, von Makroebene (Größenordnung des Gesamtsystems) bis zur Mikroebene (Größenordnung der einzelnen Moleküle). Die Modelle beinhalten die Kenntnisse über die Geometrie und Hydrodynamik der Strömung, Turbulenzintensität, Reaktionskinetik etc, und ermöglichen es, den Ablauf einer chemischen Reaktion mit komplexer Kinetik in einer nicht ideal vermischten Strömung vorauszuberechnen. Am besten ist die Vermischung in einem Rührkessel mit verschiedenen Rührern untersucht. Für die Taylor-Couette Strömung dagegen gibt es nur wenige Ansätze für eine Modellierung. In dieser Arbeit wird versucht, die Vermischung in der Taylor-Couette Strömung basierend auf experimentellen Ergebnissen zu modellieren, so dass dort ablaufende chemische Reaktionen mit Hilfe der Modellansätze berechnet werden können.

Das Ziel der Untersuchung ist es, die Zusammenhänge zwischen den Prozessparametern und den resultierenden Mischungszuständen zu klären und zu beschreiben. Dies wird durch die experimentellen Untersuchungen der Mischvorgänge unter verschiedenen Prozessbedingungen erzielt. Ausgehend aus den experimentellen Ergebnissen werden die Gesetzmäßigkeiten der Vermischung in einer Reihe von empirischen Korrelationsgleichungen erfasst, welche die Abhängigkeiten der Mischvorgänge von den strömungstechnischen Bedingungen wiedergeben. Diese Gleichungen können danach zur Beschreibung der Strömung und zur Vorausberechnung der Reaktionsabläufe verwendet werden.

Bei experimentellen Untersuchungen werden die Mischvorgänge mit unterschiedlichen Größenordnungen in Betracht gezogen, von den Prozessen auf molekularer Ebene bis zur Größenordnung des Gesamtsystems. Die verschiedenen Größenskalen der Vermischung werden hinsichtlich der Reaktorgeometrie spezifiziert und die Grenzen dazwischen werden festgelegt. Auf jeder Prozessebene wird die Mischqualität mit einer Reihe von Zustandsgrößen quantitativ beschrieben werden. In der Literatur gibt es dazu verschiedene Definitionen der Größen, die den Mischungszustand der Strömung eindeutig bestimmen, wie z.B. Mischgüte, charakteristische Größe der Inhomogenitäten und weitere Parameter einer unvermischten Flüssigkeit. Anhand einer eingehenden Analyse dieser Definitionen werden diejenigen Größen festgelegt, die den Mischungszustand der Flüssigkeit mit größter Vollständigkeit und Genauigkeit beschreiben.

Diese Parameter müssen nicht zuletzt auch messtechnisch zugänglich sein. Sie werden experimentell unter verschiedenen Prozessbedingungen erfasst, um eine Ermittlung der Zusammenhänge zwischen Prozessparametern und resultierender Mischungsqualität zu ermöglichen. Im Rahmen der experimentellen Untersuchungen wird der Einfluss der geometrischen Parameter, der Eigenschaften der Flüssigkeit im Reaktor sowie der Prozessbedingungen auf die Vermischung erforscht.

Nachdem die Strömungsstruktur und die Vermischung im Taylor-Couette Reaktor durch die Korrelationsgleichungen beschrieben wird, werden einige Richtlinien zur Auslegung, Optimierung und Maßstabvergrößerung eines Taylor-Couette Reaktors erarbeitet. Mit Hilfe der erzielten experimentellen Ergebnisse und Korrelationen werden letztendlich die möglichen technischen Anwendungen des Reaktors aufgezeigt.

2. Theoretische Grundlagen der Vermischung

2.1. Vermischung in laminaren und turbulenten Strömungen

Vermischung als Konzentrationsausgleich zwischen zwei Flüssigkeitselementen erfolgt durch molekulare Diffusion. Für die Geschwindigkeiten dieses Prozesses gelten die allgemeinen Gesetzmäßigkeiten der Stoffübertragung: Diffusionsstromdichte einer Komponente ist proportional zum Konzentrationsgradienten dieser Komponente mit einer Proportionalitätskonstante in Form des Diffusionskoeffizienten.

Grundlegend für weitere Betrachtungen ist die Einführung einer imaginären Kontaktgrenzfläche zwischen den Fluiden, auf welche die Diffusionsstromdichte bezogen wird. Befindet sich ein Fluid B in der Umgebung A, wo die Konzentration von B gleich Null ist, so setzt sich ein Diffusionsstrom der Komponente B in die Umgebung A ein (vorausgesetzt B ist mit A mischbar). Zu jedem späteren Zeitpunkt nach dem Anfang des diffusiven Mischvorgangs bilden sich Konzentrationsprofile von Komponente B – s. Abb. 2.1.

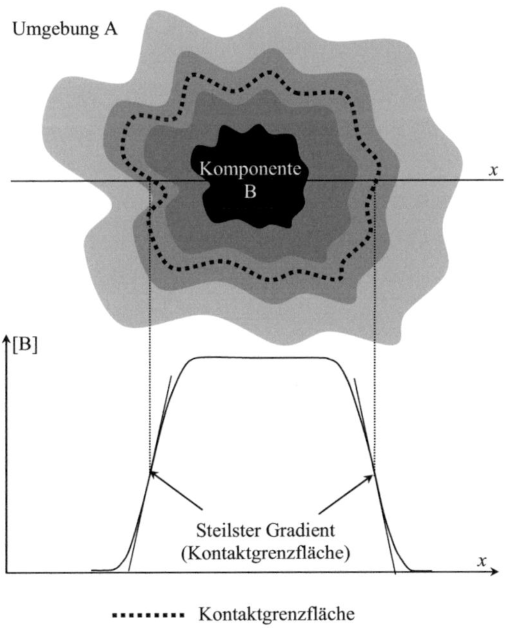

Abb. 2.1. *Zur Definition der „Kontaktgrenzfläche“ zwischen den Fluiden: Konzentrationsprofil der Komponente B in der Umgebung A zu einem beliebigen Zeitpunkt t.*

Wird nun ein Schnitt durch das Konzentrationsfeld entlang der Koordinate x gemacht, kann ein eindimensionaler Konzentrationsverlauf ermittelt werden. In diesem Konzentrationsverlauf wird die Position des steilsten Gradienten als Koordinate der imaginären Kontaktgrenzfläche zwischen dem Fluid B und der Umgebung A bezeichnet. So kann weiter eine zwei- und auch dreidimensionale Kontaktgrenzfläche definiert werden, durch welche der Konzentrationsausgleich der Komponente B stattfindet. Der Bereich innerhalb dieser Grenzfläche wird im Weiteren als Komponente B bezeichnet, der Bereich außerhalb – als Umgebung A, wenngleich auch Komponente B darin enthalten ist.

Daraus ergibt sich auch die Möglichkeit, einen Mischvorgang zu beeinflussen. Die für einen Mischvorgang relevanten Konzentrationsunterschiede der Komponente B können nicht größer sein, als die Differenz zwischen den Anfangskonzentrationen dieser Komponente in beiden zu vermischenden Flüssigkeiten. Der Diffusionskoeffizient ist eine Stoffeigenschaft und ist von der Temperatur und der Zusammensetzung der Lösung abhängig. Also kann er durch die Änderung der Prozessparameter nicht verändert werden. Somit kann ein Mischvorgang nur durch eine Vergrößerung der Kontaktgrenzfläche beschleunigt werden. Dies wird im Allgemeinen durch das Rühren der Flüssigkeit erreicht. Das Mischen soll vom Rühren unterschieden werden. Mischbare Flüssigkeiten werden sich auch ohne Rühren infolge der molekularen Diffusion vermischen. Das Rühren bewirkt jedoch eine schnelle Vergrößerung der Kontaktgrenzfläche zwischen den Flüssigkeiten und beschleunigt damit die Vermischung.

Der Prozess der Vermischung erfolgt immer entlang einer Fortschrittsrichtung und durchläuft dabei bestimmte aufeinander folgende Phasen. Diese Vorstellung gilt sowohl für kontinuierliche, als auch für Batch-Prozesse: Im ersten Fall ist die Fortschrittsrichtung durch eine örtliche Koordinate gekennzeichnet, im zweiten durch eine Zeitkoordinate. Beide Vorgänge laufen aber phänomenologisch ähnlich ab. Am Anfang ist die Größe der Kontaktgrenzfläche dadurch bestimmt, auf welche Art die Flüssigkeiten in Kontakt gebracht werden. Die Flüssigkeiten können aufgrund der Dichteunterschiede geschichtet vorliegen, oder eine Flüssigkeit wird der anderen in Form eines Strahls zugegeben. Auf jeden Fall ist die Kontaktgrenzfläche zwischen den Flüssigkeiten nicht sehr groß. Je mehr Energie die Strömung aufnimmt, desto größer wird die Kontaktgrenzfläche, und desto größer wird auch der diffusive Stoffstrom. Irgendwann wird der Zustand erreicht, bei dem die Kontaktgrenzfläche schneller abgebaut, als geschaffen wird. Ab diesen Moment wird sie immer kleiner, bis ein endgültiger Konzentrationsausgleich stattgefunden hat.

Die Entstehung der Kontaktgrenzfläche erfolgt in laminaren und turbulenten Strömungen unterschiedlich. Nach dem Eintreten in eine laminare Strömung behält ein Fluidelement seine Identität weitgehend bei, während es entlang der Strömungslinien gestreckt und gedehnt wird. Dabei wird es immer dünner und somit wird die Kontaktgrenzfläche zwischen ihm und dem umgebenden Fluid immer größer [Spencer & Wiley, 1951], [Mohr et al., 1957].

Bei einer turbulenten Strömung wird das Fluidelement in die Turbulenzwirbel aufgenommen. Die turbulenten Strukturen werden durch die chaotischen Schwankungsbewegungen der Flüssigkeit immer weiter auseinander gerissen und zerfallen in kleinere Strukturen, die sich anschließend vollständig in der Umgebung auflösen [Baldyga & Bourne, 1999].

Die in die Flüssigkeit eingetragene Energie wird in die kinetische Energie der Bewegung der Fluidelemente umgesetzt, die zur Vermischung beiträgt und am Ende in Wärme dissipiert wird. Aus den Navier-Stokes Gleichungen und dem Energieerhaltungsgesetz folgt die Erhaltungsgleichung für Innere Energie eines differentiellen Flüssigkeitselementen [Schlichting & Gersten, 2000]:

$$
\begin{aligned}
&c_p \cdot \frac{\partial \overline{T}}{\partial t} + \underbrace{c_p \cdot \left(\overline{u}_x \cdot \frac{\partial \overline{T}}{\partial x} + \overline{u}_y \cdot \frac{\partial \overline{T}}{\partial y} + \overline{u}_z \cdot \frac{\partial \overline{T}}{\partial z} \right)}_{\text{Konvektiver Wärmetransport}} = \\
&= \underbrace{\frac{\lambda}{\rho} \cdot \left(\frac{\partial^2 \overline{T}}{\partial x^2} + \frac{\partial^2 \overline{T}}{\partial y^2} + \frac{\partial^2 \overline{T}}{\partial z^2} \right)}_{\text{Molekularer Wärmetransport}} \underbrace{- c_p \cdot \left(\frac{\partial \overline{u'_x T'}}{\partial x} + \frac{\partial \overline{u'_y T'}}{\partial y} + \frac{\partial \overline{u'_z T'}}{\partial z} \right)}_{\text{Turbulener Wärmetransport}} + \\
&\underbrace{+ \nu \cdot \left[2 \cdot \left(\frac{\partial \overline{u}_x}{\partial x} \right)^2 + 2 \cdot \left(\frac{\partial \overline{u}_y}{\partial y} \right)^2 + 2 \cdot \left(\frac{\partial \overline{u}_z}{\partial z} \right)^2 + \left(\frac{\partial \overline{u}_x}{\partial y} + \frac{\partial \overline{u}_y}{\partial x} \right)^2 + \left(\frac{\partial \overline{u}_x}{\partial z} + \frac{\partial \overline{u}_z}{\partial x} \right)^2 + \left(\frac{\partial \overline{u}_y}{\partial z} + \frac{\partial \overline{u}_z}{\partial y} \right)^2 \right]}_{\text{Direkte Energiedissipation } \overline{E}} + \\
&\underbrace{+ \nu \cdot \left[2 \cdot \overline{\left(\frac{\partial u'_x}{\partial x} \right)^2} + 2 \cdot \overline{\left(\frac{\partial u'_y}{\partial y} \right)^2} + 2 \cdot \overline{\left(\frac{\partial u'_z}{\partial z} \right)^2} + \overline{\left(\frac{\partial u'_x}{\partial y} + \frac{\partial u'_y}{\partial x} \right)^2} + \overline{\left(\frac{\partial u'_x}{\partial z} + \frac{\partial u'_z}{\partial x} \right)^2} + \overline{\left(\frac{\partial u'_y}{\partial z} + \frac{\partial u'_z}{\partial y} \right)^2} \right]}_{\text{Turbulente Energiedissipation } \overline{\varepsilon}}
\end{aligned}
\tag{2.1}
$$

Dabei sind u, v und w die Strömungsgeschwindigkeiten in drei Koordinatenrichtungen x, y und z. u', v' und w' stehen für die Schwankungsgeschwindigkeiten, d.h. die momentane lokale Geschwindigkeit von der die mittlere Geschwindigkeit $\overline{u}, \overline{v}, \overline{w}$ an der entsprechenden Stelle abgezogen wurde. Die Mittelung der Ableitungen erfolgt in diesem Fall lokal über die Zeit. Die lokale Energiedissipationsrate setzt sich somit aus zwei Teilen zusammen: direkte Dissipation $\overline{E}$ [W/kg] und turbulente Dissipation $\overline{\varepsilon}$ [W/kg], wobei in einer laminaren Strömung die turbulente Energiedissipation sehr klein ist (in einer idealen laminaren Strömung ist sie gleich Null), und in einer turbulenten Strömung der direkte Anteil an Dissipation viel geringer ist als der turbulente Anteil und dem gegenüber oft vernachlässigt wird.

Sowohl direkte als auch turbulente Energiedissipation erfolgen aufgrund der viskosen Reibung zwischen den benachbarten und sich mit unterschiedlichen Geschwindigkeiten bewegenden Fluidschichten. Bei der direkten Dissipation sind die lokalen Gradienten der zeitlich gemittelten Geschwindigkeiten von Bedeutung, turbulente Dissipation entsteht dagegen durch die momentanen chaotischen Schwankungsbewegungen kleiner Turbulenzstrukturen. Für eine detaillierte Betrachtung der Turbulenztheorie wird auf [Bradshaw, 1975] und [Hinze, 1975] verwiesen. Hier wird lediglich eine kurze Einleitung zur Turbulenzkaskade gegeben, um die Größenordnungen verschiedener Mischungsprozesse zu schildern.

Die turbulenten Schwankungen befolgen das Gesetz der Kaskade von Turbulenzwirbeln, die durch die Drehbewegung des Rührorgans entstehen. Die Theorie der Kaskade von Turbulenzwirbeln wurde von A.N. Kolmogorov [Kolmogorov, 1941 a und b] durch zwei Hypothesen beschrieben. Die erste Hypothese besagt, dass es in einer turbulenten Strömung bei genügend hohen Reynoldszahlen ein Bereich von Wirbelgrößen existiert, in welchem die Turbulenz einen statistischen Gleichgewichtszustand erreicht und dieses Gleichgewicht durch zwei Parameter, nämlich Energiedissipation ε und Viskosität ν, eindeutig definiert ist. Die zweite Hypothese besagt, dass es innerhalb dieses Bereiches einen Bereich der Wirbelgrößen gibt, in dem die Turbulenz von der Viskosität unabhängig ist und allein durch die Energiedissipation ε bestimmt wird. Dieser Bereich wird Trägheitsbereich genannt, da in diesem Bereich die Trägheitskräfte in der Strömung gegenüber den Zähigkeitskräften dominant sind. Die Strukturen kleiner als diejenigen des Trägheitsbereiches gehören zum Zähigkeitsbereich (1. Hypothese). Die untere Grenze des Zähigkeitsbereiches wurde als Kolmogorov-Wirbelgröße λ_K festgelegt:

$$\lambda_K = \left(\nu^3/\varepsilon\right)^{1/4} \tag{2.2}$$

Eine grundlegende Annahme der Kolmogorovschen Turbulenztheorie ist die, dass diese Größenskala nur von der Energiedissipation ε und der Viskosität ν abhängt. Das führt zur Definition der Längeskala nach Gl. 2.2, da es die einzigmögliche Kombination aus ε und ν ist, die Dimension einer Länge hat.

Je größer die Reynoldszahl ist, desto kleiner sind die Kolmogorov-Wirbel. Strukturen kleiner als λ_K besitzen nicht mehr genug kinetische Energie, um damit noch kleinere Wirbel zu erzeugen. Die kinetische Energie dieser Wirbel wird in die Wärme dissipiert.

Diese mittlerweile bewährte und weltweit anerkannte Theorie wird hinsichtlich der Strömungsstruktur wie folgt interpretiert. Als Anfang der Kaskade bilden sich in der Strömung große Wirbel mit der Größe L in der Größenordnung der Rührerblätter (z.B. $L = 1/10 \cdot D$ mit D – Rührerdurchmesser), die über viel Energie verfügen und hohe Geschwindigkeiten haben. Diese energiereichen Wirbel zerfallen in kleinere Wirbel. Die Trägheitskräfte sind dabei über die Zähigkeitskräfte dominierend, und somit wird nur ein geringer Anteil an kinetischer Energie dissipiert. Der Hauptteil davon wird an die kleineren Wirbelstrukturen weitergegeben. Die immer kleiner werdenden Turbulenzwirbel besitzen auch immer weniger Energie und werden in ihrer Bewegung immer langsamer. Die Zähigkeitskräfte gewinnen bei kleineren Wirbeln immer mehr an Bedeutung, und ab einer bestimmten Größe der Wirbel werden diese durch die Flüssigkeitsviskosität abgebremst. Die dabei in den Wirbeln noch vorhandene kinetische Energie wird dissipiert und geht in Wärme über. Die Erwärmung der Flüssigkeit bei diesem Prozess ist jedoch gering und kann in der Regel vernachlässigt werden.

Den gesamten Prozess der Vermischung kann man sich somit als eine konsequente Zerkleinerung der in der Strömung vorhandenen Fluidelemente vorstellen, die anschließend durch die molekulare Diffusion in der Umgebung aufgelöst werden. Diese Zerkleinerung bewirkt die Vermischung. Im Falle eines Rührwerks wird die dazu benötigte Energie durch die Drehbewegung des Rührers in die Strömung eingetragen und geht anschließend in Wärme über. Dissipierte Wärme ist somit ein Maß für die Schnelligkeit der Vermischung.

Zur Vereinfachung wird dieser Prozess üblicherweise in 3 Stufen aufgeteilt, nach Größe der Strukturen, die bei jedem Schritt in Betracht genommen werden: Strukturen größer L, Strukturen kleiner L jedoch größer λ_K, und anschließend Strukturen kleiner λ_K.

2.2. Makro-, Meso- und Mikrovermischung

Die Aufteilung eines Mischvorgangs in 3 Prozessebenen kann wie folgt dargestellt werden: Bulk-Ebene – Größenordnung des Gesamtsystems, Wirbel-Ebene (eddy) – Größenordnung des Rührorgans, und molekulare Ebene. Auf jeder Prozessebene läuft die Vermischung unterschiedlich schnell ab, abhängig von Geometrie, Prozessbedingungen und Fluideigenschaften. Die Frage dabei ist, welcher der Prozesse für den gesamten Vorgang limitierend ist. Diese Aufteilung entspricht der Vorstellung, dass die Mischgüte von der Größe der betrachteten Bereiche abhängig ist (s. Abschnitt 2.3) und dass die Einmischung der Elemente verschiedener Größen in die Umgebung unterschiedlich schnell erfolgt. Um die Geschwindigkeiten der einzelnen Prozessschritte zu bestimmen, müssen die Grenzen zwischen den Größenskalen der beteiligten Fluidelemente festgelegt werden. Bei einer vereinfachten Betrachtungsweise werden die Mischvorgänge dieser drei Größenordnungen als Makro-, Meso- und Mikrovermischung bezeichnet.

Unter der Makrovermischung versteht man die großräumige Verteilung zweier Substanzen in einem Mischvolumen. Auf mikroskopischer Ebene existieren jedoch noch völlig unvermischte Gebiete. Die Größenordnung der Makrovermischung ist vergleichbar mit der Größenordnung des Gesamtsystems. In einem Rührkessel ist der durch die Drehbewegung des Rührwerkes erzeugte Umlaufstrom $\dot{V}$ (s. Abb. 2.2) proportional zur Drehgeschwindigkeit n und zum Durchmesser D des Rührers:

$$\dot{V} \sim n \cdot D^3 \tag{2.3}$$

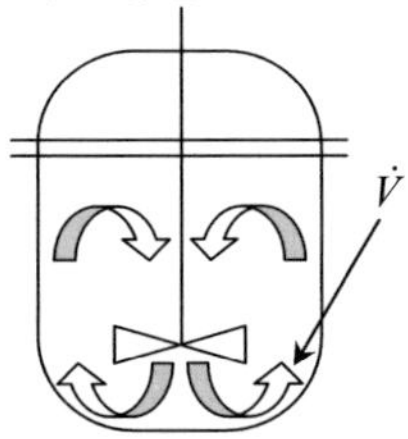

Abb. 2.2. *Umlaufstrom $\dot{V}$ erzeugt durchdie Drehbewegung des Rührwerks*

Die Zeit, in der sich die einzumischende Substanz im gesamten Flüssigkeitsvolumen gleichmäßig verteilen lässt, ist von dem Gesamtvolumen und von dem Umlaufvolumenstrom abhängig [Baldyga & Bourne, 1999]:

$$t_m \sim \frac{V}{\dot{V}} = \frac{V}{n \cdot D^3} \tag{2.4}$$

Hier ist t_m – die sog. Zeit für Makrovermischung, V – das Flüssigkeitsvolumen und D – die charakteristische Abmessung des Rührers.

Mesovermischung nennt man die weitere Verteilung einer Flüssigkeit in der anderen. Die dabei auftretenden Inhomogenitäten sind groß relativ zur Mikroebene aber klein im Vergleich zur Größenordnung des Gesamtsystems. Die Mesovermischung reduziert die Größe der Konzentrationsinhomogenitäten von der ursprünglichen Größenordnung L vergleichbar mit der des Gesamtsystems bis zur Größenordnung, bei der die Energie in die Wärme dissipiert wird. Die Zeit, die benötigt wird, um in einer turbulenten Strömung die Größenordnung der Inhomogenität zu reduzieren, ist von der ursprünglichen Größe L und von der Energie der Strömung abhängig.

In einer laminaren Strömung wird als Geschwindigkeit der Mesovermischung die Deformationsrate der Fluidelemente in Betracht genommen [Spencer & Wiley, 1951].

Makro- und Mesovermischung erfolgen durch Konvektion, dabei hat die molekulare Diffusion eine geringe Bedeutung. Da Diffusion die Mischvorgänge auf Makro- und Mesoebene nicht beeinflusst, läuft die Vermischung bei gleicher Reynolds-Zahl in unterschiedlichen Flüssigkeiten ähnlich ab [Patwardthan et al., 2003].

Die turbulente Mikrovermischung beinhaltet sowohl die Einmischung von umgebener Flüssigkeit in kleinsten Turbulenzwirbel als auch deren Dehnung und Deformation, und anschließend den Abbau letzter Konzentrationsunterschiede innerhalb dieser Mikrowirbel. Der Einfluss der Viskosität wird mit abnehmender Wirbelgröße immer größer. Die letzten noch auf molekularer Ebene vorhandenen Konzentrationsunterschiede werden durch Diffusion abgebaut. Die charakteristische Zeit für die Mikrovermischung t_μ ist von der kinematischen Viskosität und der lokalen Energiedissipationsrate abhängig:

$$t_\mu \sim \left(\frac{\nu}{\varepsilon}\right)^{1/2} \tag{2.5}$$

In laminaren Strömungen erfolgt die Mikrovermischung durch reine Diffusionsströme.

2.3. Quantitative Beurteilung des Mischzustands

Als Ausgangszustand bei einem Mischvorgang wird immer der Zustand der so genannten Null-Mischung angenommen, d.h. zwei zu vermischenden Flüssigkeiten liegen völlig getrennt (segregiert) voneinander vor. Nach dem die Flüssigkeiten in Kontakt kommen, vergeht eine bestimmte Mischzeit, bis dieser Zustand in eine perfekt vermischte Lösung übergeht. Zwischen den beiden Grenzfällen unterscheidet man mehrere Zwischenzustände mit immer kleiner werdenden segregierten Bereichen. Im Laufe des Mischvorgangs werden auch die Konzentrationsunterschiede zwischen diesen Bereichen immer kleiner.

Nach dem Prozessbeginn, bei dem die Flüssigkeiten völlig entmischt vorliegen, bis zu dem Zustand, ab dem die Flüssigkeiten als makrovermischt bezeichnet werden können, vergeht die charakteristische Zeit t_m. Makrovermischt bedeutet, dass alle Fluidelemente der vorab festgelegten Größe L innerhalb einer vorgegebenen Schwankungsbreite die gleiche mittlere Konzentration besitzen. Im Inneren dieser Elemente können noch große lokale Konzentrationsunterschiede vorhanden sein. Analog dazu wird bei der Mesovermischung eine Zeit t_d benötigt, bis das System auf Mesoebene vermischt ist, d.h. bis die Größe der segregierten Bereiche kleiner geworden ist als λ_K. Die Mikromischzeit t_μ vergeht bis die Konzentrationsunterschiede komplett ausgeglichen sind. Die gesamte Mischzeit, ausgehend von zwei getrennten Fluiden bis zu einer auf molekularer Ebene innerhalb einer vorgegebenen Schwankungsbreite homogenen Lösung besteht somit aus der Summe dieser drei charakteristischen Zeiten:

$$t_{gesamt} = t_m + t_d + t_\mu \tag{2.6}$$

Unter perfekt homogener Lösung versteht man den Zustand der Flüssigkeit, wenn die Komponenten bis zur molekularen Ebene durchmischt sind. Streng genommen, hängt die Segregation immer davon ab, wie groß das Flüssigkeitsvolumen ist, das man als elementare Einheit betrachtet. Wäre die Größe einer solchen Einheit gleich einem Molekül, würde sich jede Lösung als völlig segregiert erweisen, unabhängig von dem tatsächlichen Mischzustand. Alle weiteren Überlegungen gelten nur für den Fall, wenn das Volumen der kleinsten Flüssigkeitseinheit, die betrachtet wird, viel größer ist, als das Volumen eines Flüssigkeitspartikels (d.h. eines Moleküls). Wenn also die segregierten Bereiche kleiner werden, als diese kleinste Flüssigkeitseinheit, so dass jedes Flüssigkeitselement eine gleiche mittlere Konzentration besitzt, so wird die Segregation nicht mehr erkennbar und die Lösung wird als perfekt homogen bezeichnet.

Wie groß ein solches Flüssigkeitselement sein kann, zeigt folgende einfache Berechnung. In [Levenspiel, 1972] wird als Grenzwert für den segregierten Zustand der Flüssigkeit beispielsweise eine Einheit aus 10^{12}-10^{18} Moleküle genannt. Wird als Flüssigkeit Wasser genommen (18 g/mol, 1 g/cm³), so ist die Länge des segregierten Bereiches 3 – 300 μm. Wenn die lokalen Konzentrationen mit einer solchen Auflösung bestimmt werden und sich die Konzentration in jedem Probevolumen als gleich erweist, gilt die Flüssigkeit also als homogen.

Ist eine Flüssigkeit nicht komplett vermischt, werden je nach Position unterschiedliche lokale Konzentrationen auftreten, wobei der Mittelwert der Konzentration konstant bleibt. Hierzu ist die örtliche Auflösung, mit der die lokalen Konzentrationen bestimmt werden, von großer Bedeutung. Die Größe des Messvolumens, das als Einheit betrachtet wird, bestimmt auch den Mischzustand (Makro-, Meso- oder Mikrovermischung), der damit beurteilt wird. Die von den modernen Messtechniken zur Konzentrationsbestimmung gewährleistete Auflösung hat eine Größenordnung vergleichbar zur Kolmogorov Wirbelgröße und erlaubt somit auch die Mikrovermischung zu untersuchen. Die Segregation wird durch die Varianz der lokalen Konzentrationen beschrieben:

$$\sigma^2 = \overline{(f')^2} = \overline{(f - \overline{f})^2} \tag{2.7}$$

Hier ist f eine dimensionslose Konzentration, die immer auf die maximale im System vorhandene Konzentration bezogen wird, d.h. auf die Konzentration in einer der Strömungen, die in den Apparat eintreten. Eine der zu mischenden Flüssigkeiten hat somit die dimensionslose Konzentration 0, und die andere die Konzentration 1. Die Varianz ist jedoch kein absolutes Maß für die Mischgüte, da sie von der mittleren Konzentration abhängig ist. Um ein allgemeingültiges Maß zu definieren, das man für verschiedene Mischprozesse vergleichen kann, wird die Varianz einer Mischung auf die Varianz bei der Null-Mischung bezogen:

$$\sigma_0^2 = \overline{f}\left(1 - \overline{f}\right) \tag{2.8}$$

Diese Beziehung gilt nur, wenn alle Konzentrationen auf die maximale Konzentration bezogen werden. Damit ist ein Kriterium für die Mischgüte, nämlich der Segregationsgrad, definiert:

$$SG = \sqrt{\frac{\sigma^2}{\sigma_0^2}} = \sqrt{\frac{\overline{(f - \overline{f})^2}}{\overline{f}\left(1 - \overline{f}\right)}} \tag{2.9}$$

Der Segregationsgrad wurde als „intensity of segregation" zum ersten Mal in [Danckwerts, 1952] zur quantitativen Beurteilung der Mischgüte eingeführt. In seiner Nachfolgearbeit hat Zwietering gezeigt, wie der Segregationsgrad zusätzlich zu der Verweilzeitverteilung den Umsatz einer Reaktion beeinflusst [Zwietering, 1959]. Seitdem wird der Segregationsgrad weitgehend als grundlegende Kenngröße, die den Mischzustand der Flüssigkeit beschreibt, verwendet. Er ändert sich von 0 (perfekt-homogene Lösung) bis 1 (völlig segregiert, Null-Mischung) und ist somit unabhängig von den jeweiligen Konzentrationswerten. Der Segregationsgrad beschreibt den Anteil des gesamten Flüssigkeitsvolumens, der noch völlig segregiert ist. Das Fortschreiten der Vermischung wird durch die Änderung des Segregationsgrades mit der Zeit gezeichnet.

Allgemein ist die Mischzeit als Zeit definiert, die ein Mischsystem benötigt, um seinen Segregationsgrad von dem ursprünglichen auf einen gewünschten Wert zu reduzieren,. Somit sind die Mischzeitangaben nur in Verbindung mit einer zu erzielenden Änderung des Segregationsgrades sinnvoll. Es ist anzunehmen, dass am Anfang in einem nicht vorgemischten System der Segregationsgrad 1 vorliegt. Sehr verbreitet ist die Angabe der Mischzeit, die das System aus diesem Zustand bis zum Segregationsgrad von 0,05 benötigt (so genannte $t_{0,95}$). Solche Mischzeitangabe beinhaltet jedoch keine Information über den Mischzustand, der nach der Zeit $t_{0,95}$ in der Strömung vorliegt. Möglicherweise ist die Flüssigkeit zu diesem Zeitpunkt auf molekularer Ebene noch völlig entmischt. Daher erscheint es sinnvoller, die Mischzeiten nicht in Verbindung mit einem vorgegebenen Wert des Segregationsgrades zu bestimmen, sondern im Bezug auf die Abmessung der noch bestehenden Inhomogenitäten.

Die Werte der Mischzeit sind somit von der Größe der segregierten Bereiche abhängig, bei der die Vermischung als abgeschlossen gilt. Da der Konzentrationsausgleich letztendlich immer durch molekulare Diffusion erfolgt, ist der Diffusionsweg für die Geschwindigkeit des Prozesses entscheidend, sodass die Größe der segregierten Bereiche hierfür geschwindigkeitsbestimmend ist. Sie lässt einen Mischzustand zu Makro-, Meso- oder Mikrovermischung zuordnen und so die Mischzeit berechnen. Diese Größe ist jedoch schwierig aus den Experimenten zu bestimmen. In [Danckwerts, 1952] wurde dafür die Autokorrelationsfunktion der lokalen Konzentrationen vorgeschlagen. Da aber die Bestimmung dieser Funktion mit einem sehr großen rechnerischen Aufwand verbunden ist, konnte sie sich nicht als allgemeingültiges Maß durchsetzen.

Eine weitere Größe, welche die Größenordnung der Inhomogenität relativ einfach quantifizieren lässt, wurde in [Bothe et al., 2004] und [Schlüter et al., 2004] eingeführt – das so genannte Potential für das diffusive Mischen Φ:

$$\Phi(V) = \frac{1}{V} \cdot \int_V \|\nabla f\| \cdot dV \tag{2.10}$$

Es setzt sich aus der Summe der Konzentrationsgradienten zusammen, dabei ist $\|\nabla f\|$ der Betrag des lokalen Werts des Gradienten der normierten Konzentration. Diese Funktion Φ hat die Einheit [m²/m³] und kann somit als eine Schätzung für die spezifische Kontaktgrenzfläche pro Volumeneinheit zwischen den Bereichen hoher und niedriger Konzentration interpretiert werden. Je größer die Kontaktgrenzfläche pro Volumeneinheit wird (hohes Potenzial für diffusives Mischen), desto kleiner sind die segregierten Bereiche und desto schneller wird deren Auflösung durch Diffusion abgeschlossen.

Am Anfang des Mischvorgangs hat die Kontaktgrenzfläche zwischen den Fluiden (und somit Φ) einen kleinen Wert, da sie noch nicht ausgebildet ist. Mit fortschreitender Vermischung steigt der Wert von Φ zunächst erheblich an. Dies bedeutet eine zunehmende Zerkleinerung der segregierten Bereiche. Der Segregationsgrad wird sich dabei noch nicht stark verändern, da der diffusive Massenstrom durch die nicht ausgebildete Kontaktgrenzfläche noch gering ist. Diese Phase wird der Makrovermischung zugeordnet. Gleichzeitig gibt es einen Abbau der Kontaktgrenzfläche durch Diffusion, umso schneller, je größer die Kontaktgrenzfläche wird. Wenn die Kontaktgrenzfläche groß genug wird, sodass deren Abbau schneller ist, als die Entstehung, beginnt die zweite Phase der Vermischung. Die Kontaktgrenzfläche nimmt ab, weil sie durch Diffusion endgültig zerstört wird. Dementsprechend werden die lokalen Gradienten der Konzentration immer kleiner, was als Zeichen für die fortschreitende Mikrovermischung interpretiert wird [Baldyga & Pohorecki, 1995]. Die Konzentration in dien segregierten Bereichen nähert sich dabei der mittleren Konzentration der perfekt vermischten Lösung, und somit nimmt der Segregationsgrad ab. Bei vollständiger Vermischung ist $SG = 0$ und $\Phi = 0$. Bei kontinuierlichen Prozessen laufen diese Vorgänge gleichzeitig und parallel zueinander ab. In weiteren Betrachtungen werden die Werte des Segregationsgrades immer in Verbindung mit den Werten von Φ zur Beurteilung des Mischzustands benutzt.

Die experimentelle Untersuchung eines Mischvorgangs besteht also darin, sowohl die zu jedem Zeitpunkt vorliegenden Flüssigkeitszustände zu quantifizieren (Bestimmung von den momentanen Werten des Segregationsgrads und spezifischer Kontaktgrenzfläche zwischen den Fluiden) als auch die Zeitkonstanten der Änderung dieser Größen während den jeweiligen Phasen der Vermischung (Makro-, Meso- und Mikromischzeiten) zu ermitteln. Eine vollständige Beschreibung des Mischverhaltens eines Apparats beinhaltet die Abhängigkeit dieser Zeitkonstanten von den geometrischen Merkmalen des Reaktors, physikalischen Eigenschaften der Flüssigkeit und Prozessparametern. Die Mischzeiten sowie die Einflussgrößen werden üblicherweise entdimensioniert, damit Vorgänge in unterschiedlichen Apparaten und Fluiden miteinander verglichen werden können [Zlokarnik, 1991]

2.4. Physikalische Methoden zur Bestimmung des Mischzustandes

Es gibt bis heute keine einheitliche Vorgehensweise zur Untersuchung der Vermischung. In der Literatur werden mehrere Methoden aufgeführt, mit denen sich die Mischzeiten, der Segregationsgrad und weitere Merkmale der Vermischung bestimmen lassen. In früheren Arbeiten wurde die Mischzeit als eine Zeit definiert, nach der man visuell keine Inhomogenitäten in der Lösung mehr unterscheiden kann. So wurde in [Dodd, 1927] eine Projektion des mit starkem Licht beleuchteten Gefäßes auf einer Leinwand betrachtet. Die Grenzfläche zwischen den im Gefäß sich vermischenden Fluiden wurde in Form von „Schlieren" auf der Projektionswand sichtbar. Die Zeit, nach der die Schlieren nicht mehr zu sehen waren, wurde als Mischzeit bezeichnet. Welche Mischzeit dabei bestimmt wird (vgl. Gl. 2.3-2.6), hängt ganz davon ab, ab welcher Intensität und Größe die Schlieren mit dem menschlichen Auge nicht mehr zu unterscheiden sind. Eine Erweiterung dieser Methode ist in [Hiby, 1988] beschrieben. Die Lösung enthält in diesem Fall einen Farbindikator, der bei bestimmtem pH-Wert seine Farbe ändert. Es wird dafür gesorgt, dass die einzumischende Flüssigkeit den pH-Wert der Lösung verändert. Der Zeitpunkt des Farbumschlags wird als Mischzeit definiert. Die Beurteilung des Farbumschlags kann sowohl visuell als auch mit Hilfe der Bildanalyse [Shenoy & Toor, 1988] erfolgen. Die gemessene Mischzeit nähert sich dabei der Gesamtmischzeit (Gl. 2.6).

Eine weitere Gruppe von Methoden zur Bestimmung der Mischzeit ist auch seit fast 100 Jahren bekannt und beruht auf der lokalen Konzentrationsmessung eines Indikators, welcher einer der zu mischenden Flüssigkeiten zugesetzt wird [Wood et al., 1922]. Die Konzentrationsmessung erfolgt entweder durch Leitfähigkeitsmessung [Manna, 1997] oder durch Spektroskopie [Gaskey et al., 1988] und andere Methoden, abhängig vom verwendeten Indikator. Gemessen werden die Abweichungen der lokalen Konzentration von dem nach der abgeschlossenen Vermischung geltenden Mittelwert. Wenn sie nicht größer als ein bestimmter Grenzwert werden (sehr verbreitet ist der Grenzwert von 5%), gilt die Lösung als vermischt. Der Nachteil dieser Methode besteht darin, dass die so definierte Mischzeit je nach Größe von Probevolumen der Meso- oder Mikrovermischung zuzuordnen ist. Außerdem ergeben sich je nach Position im Apparat sehr unterschiedliche Mischzeitwerte.

Wenn die Mischsituation nicht nur lokal, sondern im gesamten Apparat beurteilt werden soll, dann muss die Konzentrationsmessung im gesamten Flüssigkeitsvolumen erfolgen. Als Beispiel dafür kann die Konzentrationsmessung durch Laser-Induzierte Fluoreszenz (LIF) genannt werden [Houcine et al., 1996], [Karasso & Mungal, 1997]. Einer der Flüssigkeiten wird ein Fluoreszenz-aktiver Farbstoff zugegeben, der bei der Beleuchtung mit Licht bestimmter Wellenlänge Licht mit anderer Wellenlänge emittiert. Aufgenommen mit einer Kamera, ergibt sich die Abbildung der Strömung, auf der die sich vermischenden Fluide leicht zu unterscheiden sind. So können der momentane Segregationsgrad und, bei zeitlich wiederholten Messungen, auch die Mischzeiten bestimmt werden. Die bei solchen Feldmessungen auftretende Herausforderung ist die örtliche Auflösung der Konzentrationsmessung. Entsprechende Optiken und moderne Digitalkameras erlauben die Auflösung bis zur Kolmogorov-Größe. Das insgesamt in Betracht kommende Aufnahmefeld ist jedoch eingeschränkt. In [Khan et al., 2004] wurden die Abbildungen benachbarter Aufnahmefelder miteinander kombiniert. Die Schnittstellen zwischen den Einzelaufnahmen konnten jedoch nicht sauber aufgelöst werden. Nichtsdestotrotz ist die LIF-Methode eine sehr gut geeignete Methode zur Untersuchung der Vermischung. Sie wird auch in dieser Arbeit verwendet (s. Abschnitt 4.3).

2.5. Vermischung und chemische Reaktion

Voraussetzung für chemische Reaktionen ist der Kontakt der Edukte auf molekularer Ebene. Hier erkennt man die zentrale Bedeutung der Vermischung. Bei einer idealisierten Betrachtungsweise sind die Reaktanden von Anfang an perfekt miteinander vermischt und können somit unmittelbar nach dem Prozessbeginn an der Reaktion teilnehmen. Die Prozessgeschwindigkeit hängt in diesem Fall allein von der Reaktionskinetik ab. In der Realität kommen aber solche Mischsituationen nur bei im Vergleich zur Mischgeschwindigkeit langsamen Reaktionen vor. Die Edukte liegen in der Regel zuerst getrennt voneinander vor, so dass die Reaktion nur in der Grenzschicht zwischen den Fluiden stattfinden kann. Wenn aber alle zur Verfügung stehende Moleküle in der Grenzschicht abreagieren, hängt der weitere Prozessablauf nicht nur von der Reaktionskinetik ab, sondern auch davon, wie schnell die weiteren Moleküle aus der Bulkphase an die Kontaktgrenzfläche gelangen [Rys, 1992].

Die Art der Vermischung ist für das Konzentrationsprofil im Reaktionsgefäß von entscheidender Bedeutung und bestimmt somit den Verlauf der Reaktion. Die Diskussion über die Abhängigkeit des Reaktionsablaufs von den Strömungsbedingungen wurde bereits 1944 von Denbigh angefangen [Denbigh, 1944], der in seiner theoretischen Arbeit gezeigt hat, dass der Umsatz einer Reaktion in drei verschiedenen Apparaten (Rührkessel, Rohrreaktor und Rührkesselkaskade) unterschiedlich ist. In seiner Pionierarbeit auf diesem Gebiet hat Danckwerts die Abhängigkeit der Reaktionsgeschwindigkeit von nicht perfekten Mischbedingungen systematisiert und begründet [Danckwerts, 1958]. Die zentrale Frage, ob der Prozess von der Vermischung oder der chemischen Kinetik bestimmt wird, lasse sich durch den Vergleich der jeweiligen Geschwindigkeitskonstanten beantworten. Allgemein existieren hier zwei Grenzfälle. Läuft die chemische Reaktion viel langsamer ab, als die Vermischung, so werden die Reaktanden komplett miteinander vermischt, noch bevor sie zu reagieren anfangen. Der Prozess werde in diesem Fall durch die Reaktionskinetik limitiert, die Vermischung spiele dabei eine untergeordnete Rolle. Dagegen läuft die Reaktion bei einer schnellen chemischen Reaktion viel schneller ab, als die Vermischung. Reaktanden reagieren unmittelbar miteinander, nachdem sie in Kontakt gekommen sind. Da aber nicht alle Moleküle gleichzeitig zusammentreffen, werde die Vermischung den Prozess limitieren. Als Beispiel kann hierzu die Fällungsreaktion genannt werden [Tosun, 1988], [Schwarzer & Peukert, 2002], [Judat et al., 2004], bei der in der Regel die Partikelgröße sehr stark von den Mischbedingungen abhängig sei.

Noch komplizierter wird die Situation, wenn eine parallele oder konsekutive Reaktion mit unerwünschten Nebenprodukten stattfindet [Bourne, 2003]. Hier wird die Reaktion in den segregierten Bereichen anders ablaufen, als im gut vermischten Volumenanteil. Somit kann der Reaktionsablauf durch die Vermischung nicht nur verlangsamt, sondern auch komplett geändert werden, was meistens die Qualität der Produkte beeinflusst.

Dieser Effekt kann zur Untersuchung der Mischbedingungen ausgenutzt werden, indem aus der Zusammensetzung der Reaktionsprodukte die im Reaktor herrschenden Mischbedingungen detektiert werden. Dazu werden verschiedene Reaktionssysteme verwendet (für eine Übersicht s. [Bourne, 2003] und [Rys, 1992]), darunter die Iodit-Iodat Reaktion, auch Villermaux-Reaktion genannt [Guichardon & Falk, 2000], [Guichardon et al., 2000] die Reaktion der Diazokupplung [Guichardon et al., 2001], Hydrolyse verschiedener organischer Verbindungen wie Dimethoxipropan [Baldyga et al., 1998] oder Ethylchloracetat [Baldyga et al., 2001] und Fällung [Detrez et al., 1988]. Ein Kriterium für die Auswahl des Reaktionssystems sind die passenden Werte der Reaktionskonstanten der Teilreaktionen. Die schnellere Teilreaktion muss von der Vermischung limitiert sein, d.h. die Zeitkonstante der Reaktion muss in der Größenordnung der untersuchten Mischzeit liegen. Je nach Geschwindigkeit des Mischprozesses entsteht mehr oder weniger Produkt dieser Teilreaktion.

Konkurrierende Parallelreaktionen

Am häufigsten wird zur Untersuchung der Vermischung ein bestimmtes System der konkurrierenden Parallelreaktionen benutzt, nämlich die so genannte Jodid-Jodat Reaktion von Villermaux. Die Edukte für diese Reaktion sind im Gegensatz zu vielen anderen Systemen preiswert und die Analyse der Reaktionsprodukte ist leicht durch eine spektroskopische Messung realisierbar. Bei diesem Reaktionssystem wird eine konzentrierte Schwefelsäurelösung einer Lösung zugegeben, die Borsäure, Jodid- und Jodat-Ionen enthält. Zwei Teilreaktionen verbrauchen dabei parallel zueinander die H^+ Kationen. Zunächst läuft die schnellere Teilreaktion, die Neutralisation der Borsäure, ab. Wenn jedoch durch schlechte Vermischung lokal noch Überschuss an H^+ Kationen betsteht, kommt es zur langsameren Dushman-Reaktion, bei der Jodid und Jodat Ionen disproportionieren und I_2 bilden. Da die Menge an zugegebener Schwefelsäure gering ist, bleibt die Lösung insgesamt basisch (pH $\approx$ 10) und I_2 geht entsprechend der Gleichgewichtskonstante in I_3^- über, dessen Konzentration durch spektroskopische Messungen leicht zu bestimmen ist:

$$H_2BO_3^- + H^+ \Leftrightarrow H_3BO_3 \text{ (schnell)} \tag{2.11a}$$

$$5I^- + IO_3^- + 6H^+ \Leftrightarrow 3I_2 + 3H_2O \text{ (langsam)} \tag{2.11b}$$

$$I_2 + I^- \Leftrightarrow I_3^- \text{ (Gleichgewicht)} \tag{2.11c}$$

Bei einer perfekten Vermischung findet nur Reaktion (2.11a) statt. Bei einer komplett segregierten Lösung dagegen laufen beide Reaktionen (2.11a und 2.11b) parallel ab, und die H^+ Kationen nehmen an beiden Reaktionen entsprechend dem Eduktverhältnis teil. Diese Situationen sind die theoretischen Grenzfälle. Realistisch ist ein Zustand der Lösung, bei dem sie zum Teil gut vermischt und zum Teil segregiert ist. Aus der Zusammensetzung der Produkte lässt sich der Volumenanteil an perfekt vermischter Flüssigkeit, d.h. der Segregationsgrad, bestimmen.

Berechnung der Mischzeit

Der somit berechnete Segregationsgrad ist ein über die gesamte Lösung gemittelter Wert und gilt unter der Voraussetzung, dass der Prozess stationär ist. Die Messung liefert keine direkte Information über die Mischzeiten. Um die Mischzeiten aus dem Segregationsgrad zu berechnen, wird ein Modell der Vermischung benötigt, welches die Mischzeit als Parameter benutzt und den Segregationsgrad als Zielgröße berechnen lässt. Ein solches Modell setzt beispielsweise voraus, dass die Makro- und Mesovermischung keinen Einfluss auf die Reaktion haben, d.h. dass gleich nach dem Eintritt die Säure makroskopisch im Reaktor verteilt wird. Die Reaktion wird somit durch die Mikrovermischung limitiert. Die im Modell auftretende Mikromischzeit wird bei der Berechnung der Reaktionsraten beider Reaktionen so angepasst, dass der berechnete Segregationsgrad gleich dem experimentellen Wert ist. In der Literatur werden dazu mehrere Modelle verwendet, wie z.B. Engulfment Model [Baldyga & Bourne, 1984 a-c], [Baldyga & Bourne, 1986], [Baldyga & Bourne, 1989 a, b] oder Interaction by Exchange with the Mean, IEM Model [Villemaux, 1986], [Villermaux & Falk, 1994], [Baldyga & Bourne, 1990]. Eine weitere Möglichkeit, die Mischzeit zu ermitteln, ist eine numerische Simulation der Strömung unter Verwendung eines der genannten Modelle. In existierende kommerzielle CFD Programme wie Fluent können obige Mischungsmodelle in den Code für die Strömungsdynamik integriert werden.

Vorhersage des Ablaufs einer Reaktion

Nachdem die Abhängigkeit der Vermischung von den Prozessbedingungen durch die Methode paralleler konkurrierender Reaktionen oder mit Hilfe anderer chemischer oder physikalischer Methoden geklärt wurde, kann auch die umgekehrte, praxisrelevante Aufgabestellung bearbeitet werden, und zwar die Vorhersage des Ablaufs einer Reaktion ausgehend aus den bekannten Mischbedingungen. Dazu existieren mehrere Methoden, die die Reaktionsrate unter den nicht idealen Mischbedingungen berechnen lassen. Im einfachen Fall einer Reaktion zweiter Ordnung lässt sich der Konzentrationsverlauf der Edukte über der Zeit wie folgt ausdrücken [Baldyga & Bourne, 1999]:

$$\frac{dC_A(t)}{dt} = -k \cdot \left(\overline{C_A} \cdot \overline{C_B} - SG(t)^2 \cdot \overline{C_{A,0}} \cdot \overline{C_{B,0}} \right) \tag{2.12}$$

(die Konzentration ist hier in mol/L angegeben). Dabei wird vorausgesetzt, dass die Änderung des Segregationsgrades mit der Zeit bekannt ist. Weitere Möglichkeiten, den Einfuß der Vermischung auf die Reaktionsrate zu berücksichtigen, sind in [Baldyga & Bourne, 1999] ausführlich beschrieben.

2.6. Vermischung zweier Flüssigkeiten mit unterschiedlichen Viskositäten

Der größte Teil der experimentellen Ergebnisse und theoretischen Betrachtungen zur Vermischung bezieht sich auf die Situation, in der die Eigenschaften der zu mischenden Fluide gleich sind oder sich nur gering voneinander unterscheiden. Im Vergleich dazu ist die Vermischung zweier Flüssigkeiten mit unterschiedlichen Dichten und Viskositäten bis jetzt wenig untersucht, obwohl diese in der Reaktionstechnik häufig vorkommt. Der Mechanismus dieses Vorgangs weist gewisse Ähnlichkeiten mit dem Emulgieren auf, obwohl die Flüssigkeiten miteinander mischbar sind und am Ende keine Emulsion sondern eine homogene Lösung entsteht. Da es aber bei der Vermischung keine Grenzflächenspannung zwischen den Phasen gibt, sind die Gesetzmäßigkeiten des Emulgierens nicht direkt auf die Vermischung übertragbar.

Es gibt in der Literatur einige wenige Untersuchungen zur nicht-isoviskosen Vermischung. Eine Dimensionsanalyse solcher Vermischung ist in [Zlokarnik, 1970] zu finden. Diese hat die dimensionslose Mischzeit als Funktion von Reynoldszahl (Re) und Archimedes-Zahl (Ar) aufgezeigt. Bei steigender Reynolds-Zahl wird der Energieeintrag in die Strömung erhöht und dementsprechend auch die Vermischung beschleunigt:

$$\sqrt{n \cdot t} = 51{,}6 \cdot Re^{-1} \cdot \left(Ar^{1/3} + 3\right) \tag{2.13}$$

Dabei wurde angenommen, dass sich nach der Grobvermischung der beiden Komponenten der Homogenisiervorgang in einem Stoffsystem abspielt, in dem bereits die mittleren Stoffwerte von Dichte und Viskosität der homogenen Mischung gelten. Somit werden die Reynolds-Zahl und Archimedes-Zahl für die Gl. 2.13 mit den Stoffeigenschaften der anschließend entstehenden homogenen Lösung gebildet. Mehrere experimentelle Daten haben die Ergebnisse dieser Dimensionsanalyse bestätigt, indem sie keine Abhängigkeit der Mischzeit von den Viskositätsunterschieden aufgezeigt haben. Allerdings sind die Ergebnisse dieser Untersuchung lediglich an einem Rührertyp (Kreuzbalkenrührer) und in zwei geometrisch ähnlichen Behältern gewonnen worden.

Mehrere Autoren haben die Vermischung nicht-isoviskoser Flüssigkeiten in einem Rührkessel mit verschiedenen Rührertypen untersucht, die meisten wagen aber nur qualitative Aussagen über die dabei auftretenden Mischzeiten [Rielly & Pandit, 1988], [Smith & Schoenmakers, 1988], [Bouwmanns & van den Akker, 1990], [Bouwmanns et al., 1997], [Jones & Özcan-Taskin, 2005]. Dabei sind sich alle Autoren einig, dass die hydrodynamische Situation bei nicht-isoviskoser Vermischung in zwei Regimes unterteilt werden kann, je nach dem ob die vorliegende Flüssigkeit oder die zugegebene Flüssigkeit die Vermischung kontrolliert. Das Vorherrschen eines dieser Regimes hängt davon ab, ob beide Flüssigkeiten gleich in das Gebiet mit höherer Turbulenz hineingezogen werden (vorliegende Flüssigkeit kontrolliert), oder ob die zugegebene Flüssigkeit aufgrund der Dichteunterschiede oder durch die zu weit entfernte Zugabestelle aus der Zone der Turbulenz in die Randgebiete am Boden oder an der Oberfläche geschleudert wird (zugegebene Flüssigkeit kontrolliert). Wenn das der Fall ist, können die Mischzeiten viel länger sein, als wenn beide Flüssigkeiten gleichzeitig in den Hauptwirbel neben dem Rührer gelangen. Im letzten Fall weist die Mischzeit nur geringe Abweichungen von dem isoviskosen Prozess auf. Diese Vorstellung ist in guter Übereinstimmung mit der in [Zlokarnik, 1970] getroffenen Annahme über die abgeschlossene Makrovermischung der Fluide.

Sind die Flüssigkeiten bereits makroskopisch miteinander vermischt, hängt die verbleibende Mischzeit weder von den Dichte- und Viskositätsverhältnissen zwischen den Fluiden, noch von derer Volumenverhältnis oder der Position der Zugabestelle im Rührkessel ab. Jones [Jones & Özcan-Taskin, 2005] hat dabei festgestellt, dass bei einer Reynolds-Zahl größer 100 sogar bei der Zugabe an der Flüssigkeitsoberfläche die vorliegende Flüssigkeit die Vermischung kontrolliert und zur Berechnung der Mischzeiten die Korrelationen für die Vermischung gleicher Flüssigkeiten verwendet werden können. Andere Autoren schätzen den Schwellenwert der Reynolds-Zahl etwas höher: 10^3 in [Bouwmanns et al., 1997] oder sogar 10^5 in [Smith & Schoenmakers, 1988]. Die letzteren haben bei $Re > 10^5$ experimentell die nicht-isoviskosen Mischzeiten bestimmt, die in sehr guter Übereinstimmung mit den aus Korrelation für isoviskose Mischzeit von Norwood [Norwood & Metzner, 1960] berechneten Werten waren.

Diese Grenzen gelten vor allem bei der Einmischung einer hochviskosen Flüssigkeit, die in der Regel auch eine höhere Dichte hat, in eine niedriger viskose. In einem umgekehrten Fall ist es für die zähere Flüssigkeit einfacher, die dünnere Flüssigkeitselemente durch Scherung und Dehnung auseinander zu reißen, was die Grundvoraussetzung für schnelle weitere Vermischung darstellt. In [Mohr et al., 1957] wird diesbezüglich, basierend auf den theoretischen Betrachtungen von Spencer [Spencer & Wiley, 1951] behauptet, dass es keine Unterschiede in den Mischzeiten gäbe, wenn eine dünnere Flüssigkeit in eine laminar strömende zähere Flüssigkeit eingemischt wird. Diese Ergebnisse wurden später von Murakami experimentell bestätigt [Murakami et al., 1972]. Im Gegensatz dazu wurde in [Rozen & Baldyga, 2004] festgestellt, dass die Vermischung auf molekularer Ebene durch die Viskositätsunterschiede verlangsamt wird, was sich auf die Selektivität des untersuchten Reaktionssystems auswirkt.

Was auf den ersten Blick als Gegensatz erscheint, ist in Realität eine Folge davon, dass bei den Mischzeitmessungen unterschiedliche Messmethoden verwendet wurden. In den meisten experimentellen Untersuchungen zur nicht-isoviskosen Vermischung wurde die Mischzeit optisch oder durch Leitfähigkeitsmessungen bestimmt. Das bedeutet, dass die Probenvolumina relativ groß sind (z.B. 5x5x8 mm^3 in [Bouwmans et al., 1997]) und die Vermischung nicht bis zur molekularen Ebene verfolgt wird. Wenn unterschiedliche Proben die gleiche mittlere Konzentration aufweisen, ist die Mikrovermischung möglicherweise noch nicht abgeschlossen, sofern die Probenvolumina größer als Kolmogorov-Wirbel sind. Deswegen entspricht die aus den meisten Experimenten folgende Mischzeit der charakteristischen Zeit der Mesovermischung. In der Untersuchung von Rozen und Baldyga hingegen wurde die chemische Methode verwendet, dabei wird das Ende einer chemischen Reaktion als Maß für abgeschlossene Vermischung angenommen. Das passiert aber erst nach der vollständigen Mikrovermischung der Flüssigkeiten. Daher können die Mischzeiten aus verschiedenen Experimenten nur bedingt miteinander verglichen werden.

Zusammenfassend kann man aus den vorliegenden Ergebnissen folgende Schlussfolgerungen ziehen. Zum einen unterscheiden sich die Makromischzeiten bei nicht-isoviskoser Vermischung wesentlich von dem isoviskosen Fall und sind nicht nur von den Dichte- und Viskositätunterschieden abhängig, sondern werden auch von der Position der Zugabestelle und dem Volumenverhältnis der zu mischenden Fluide sehr stark beeinflusst. Ist die Makrovermischung abgeschlossen, läuft die darauf folgende Mesovermischung gleich wie in den Flüssigkeiten mit gleichen Viskositäten ab, und die Korrelationen zur Berechnung der isoviskosen Mesomischzeiten können auf die nicht-isoviskose Vermischung angewendet werden. Die anschließende Mikrovermischung wird bei der nicht-isoviskosen Vermischung wieder langsamer, weil die Deformation der kleinsten Flüssigkeitselemente durch die Viskositätsunterschiede verzögert wird. In den meisten Fällen sind auch die Diffusionskonstanten der gleichen Moleküle in einem zäheren Medium kleiner.

3. Taylor-Couette Strömung – Stand des Wissens

3.1. Übersicht über die Strömungsformen

Die Strömung zwischen zwei konzentrischen Zylindern, von denen mindestens einer in Rotation versetzt wird, beschäftigt Wissenschaftler schon seit dem 17. Jahrhundert. Donnelly [Donnelly, 1991] nennt in seinem historischen Übersichtsartikel zur Geschichte des Problems Isaac Newton als den ersten, der eine solche Strömung in Betracht gezogen hat. Die erste Erwähnung von den Wirbeln, die sich zwischen den Zylindern bilden, stammt aus dem Jahr 1848 von Stokes. Die laminare Scherströmung zwischen den Zylindern wurde im 19. Jahrhundert für die Messungen der Viskosität verwendet [Mallock, 1888], [Mallock, 1896], [Couette, 1890]. Diese Messeinrichtung ist bis heute unter dem Namen Couette-Viskosimeter bekannt. Beide Wissenschaftler haben bemerkt, dass ab einer bestimmten Drehgeschwindigkeit sich die bis dahin konstanten gemessenen Werte der Viskosität drastisch verändern. Aber erst 1923 hat Taylor eine systematische Untersuchung samt theoretischer Stabilitätsanalyse der Strömung vorgelegt. Er hat festgestellt, dass sich beim Überschreiten einer bestimmten kritischen Rotationsgeschwindigkeit im Spalt zwischen den Zylindern eine besondere Strömungsform bildet, die aus den gegeneinander rotierenden torusförmigen Wirbelzellen besteht [Taylor, 1923]. Die Strömungsform wird bis heute zu Ehren dieses Wissenschaftlers als Taylor-Wirbelströmung bezeichnet.

Taylor hat in seiner theoretischen Betrachtung eine Geometrie mit einem unendlich schmalen Spalt angenommen. Seitdem wurden viele theoretische und experimentelle Arbeiten der Untersuchung des Umschlags von der Scherströmung zur Wirbelströmung gewidmet [Chandrasekhar, 1958], [Donnelly, 1958], [Donnelly & Fultz, 1960 a]. Mehrere Autoren haben die Abhängigkeit der kritischen Drehzahl von der Spaltbreite registriert. Es wurde auch festgestellt, dass sich bei weiterer Erhöhung der Drehgeschwindigkeit eines oder beider Zylinder im Spalt verschiedene Strömungsregimes einstellen. Diese Strömungsformen wurden in zahlreichen Arbeiten beschrieben [Coles, 1965], [Andereck et al., 1986]. Der Einfluss der Zylinderlänge sowie der Gestaltung der Stirnseiten der Zylinder auf die Strömung wurde systematisch studiert [Cole, 1976]. Die Grenzen zwischen den Regimes wurden definiert und umfassende Karten der Strömungszustände zusammengestellt [Andereck et al., 1986], in denen je nach Geschwindigkeiten von Innen- und Außenzylinder insgesamt bis zu 18 Regimes unterschieden werden. Eine gute Übersicht über die Strömungsformen und über die Übergänge dazwischen ist auch in [Di Prima & Swinney, 1981] und [Kataoka, 1986] zu finden.

In den meisten späteren Untersuchungen wird nur der Innenzylinder in Rotation versetzt. Dies ist wohl auch auf die praktische Relevanz dieser Anordnung zurückzuführen. In diesem Fall unterscheidet man (in der Reihenfolge entsprechend ihrer Erscheinung bei einer Erhöhung der Drehgeschwindigkeit des Innenzylinders) zwischen fünf Strömungsformen: laminare Couette Strömung, laminare Taylor-Wirbelströmung, wellige Wirbelströmung, frequenzmodullierte wellige Wirbelströmung und turbulente Wirbelströmung. Eine schematische Darstellung der essenziellen Strömungsregimes ist Abb. 3.1 zu entnehmen.

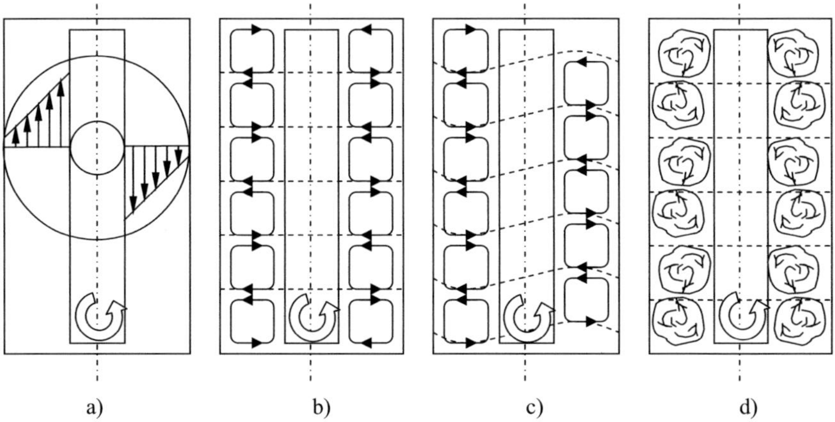

Abb. 3.1. *Strömungszustände zwischen konzentrischen Zylindern. a) Laminare Couette Strömung; b) laminare Taylor-Wirbelströmung; c) wellige Wirbelströmung; d) turbulente Strömung (in der Reihenfolge nach steigender Drehzahl des Innenzylinders)*

Laminare Couette Strömung ist eine Scherströmung mit einem linearen Profil der radialgeschwindigkeit zwischen den Zylindern. Beim Überschreiten einer kritischen Drehgeschwindigkeit erfolgt der Umschlag zu den toroidalen laminaren Taylor-Wirbeln. Bei weiterer Erhöhung der Drehzahl geht diese Strömungsform bald in die toroidale wellige Wirbelströmung über. Dabei überlagert sich der Wirbelströmung eine wellenartige Bewegung jedes toroidalen Wirbels in tangentialer Richtung. Die Strömung ist somit nicht mehr axialsymmetrisch und die lokalen Strömungsgeschwindigkeiten werden zeitabhängig. Wird die Drehzahl noch weiter erhöht, ändert sich zunächst die Frequenz der Wellen, und die ersten Turbulenzerscheinungen treten hervor. Ab einer bestimmten Drehzahl sind die Wellen in den Wirbeln nicht mehr nachweisbar und die Strömung wird voll turbulent. Nach den neusten Untersuchungen [Wang et al., 2005] gibt es ein weiteres Strömungsregime, und zwar nach der Einstellung der turbulenten Strömung entstehen bei noch höheren Drehgeschwindigkeiten erneut Wellen. Die Wirbel bleiben aber dabei turbulent.

Weitere Strömungsregimes entstehen, wenn der Strömung eine axiale Strömung überlagert wird. Die systematischen Untersuchungen zu dieser Strömungsart wurden von Lueptow begonnen [Lueptow et al., 1992]. Die dabei visualisierten Regimes stellen Variationen zu den Zuständen ohne axiale Strömung dar. Der grundlegende Unterschied ist die Entstehung der sogenannten Drallströmung. Bei höheren axialen Geschwindigkeiten sind die Wirbel nicht mehr torusförmig, und die Strömung nimmt die Form einer Spirale an, in der alle Wirbel miteinander verbunden sind. Der Steigungswinkel wird durch das Verhältnis zwischen der axialen Geschwindigkeit und der Drehgeschwindigkeit des Innenzylinders bestimmt.

Die Strömung mir überlagerter axialer Strömung ist in der Regel stabiler, als eine reine Couette- bzw. Taylor-Strömung, d.h. alle Übergänge zwischen den Strömungsregimes erfolgen bei höheren Drehzahlen, als ohne axiale Strömung. Die Stabilität der Strömung mit und ohne überlagerte axiale Strömung wird später in Abschnitt 3.3 diskutiert.

3.2. Parametrisierung und Dimensionsanalyse

Die Übergänge zwischen den Strömungsregimes erfolgen bei bestimmten Drehgeschwindigkeiten des Innenzylinders, die je nach Geometrie der Strömung, Viskosität der Flüssigkeit und möglicherweise auch weiteren Parametern unterschiedlich sind. Man benötigt eine dimensionslose Kennzahl (analog zur Reynoldszahl), welche alle für den Strömungsumschlag relevanten Parameter der Strömung zusammenfasst und durch welche die Übergänge zwischen den Strömungsregimes eindeutig definiert werden können. Um diese Kennzahl zu bestimmen, muss zunächst eine Dimensionsanalyse durchgeführt werden.

Eine Dimensionsanalyse lässt komplexe Vorgänge mit vielen Einflussparametern als einen Zusammenhang von wenigen dimensionslosen Kennzahlen darstellen. Die Grundlagen der Dimensionsanalyse beruhen auf der Ähnlichkeitstheorie und sind in der Form des Π-Theorems von Buckingham in [Buckingham, 1914] und [Buckingham, 1915] formuliert. Die Anwendung der Dimensionsanalyse für praktische Fragestellungen ist in [Zlokarnik, 1991] umfassend beschrieben. Laut Π-Theorem genügen (*n-r*) dimensionslosen Kennzahlen, um das Problem vollständig zu beschreiben. Hier ist *n* die Zahl der dimensionsbehafteten Größen, die für das Problem relevant sind, und *r* ist Rang der Dimensionsmatrix, in der jeder Größe entsprechende Potenzen bei den Grundeinheiten zugewiesen werden. Nach dieser Methode wurde in [Zierep, 1991] eine Dimensionsanalyse der Strömung zwischen konzentrischen Zylindern durchgeführt. Die Relevanzliste für den hydrodynamischen Zustand solcher Strömung sieht im Fall eines nicht unendlich langen Zylinders wie folgt aus:

$$\omega_k = f(R_i, d, H, \nu) \tag{3.1}$$

Hier ist ω_k – die kritische Drehgeschwindigkeit des Innenzylinders, bei der der Umschlag zur Wirbelströmung stattfindet. Diese kritische Drehgeschwindigkeit ist somit eine Funktion des Durchmessers vom Innenzylinder sowie der Spaltbreite, und für den nicht unendlich langen Zylinder auch eine Funktion der Zylinderlänge. Dabei spielen die Eigenschaften der Flüssigkeit im Spalt eine entscheidende Rolle, da unterschiedliche hydrodynamische Zustände der Strömung bei gleicher Drehzahl durch die kinematische Viskosität bestimmt werden. Aus dieser Relevanzliste kann folgende Dimensionsmatrix aufgestellt werden [Zlokarnik, 1991]:

	ω	R_i	d	H	ν
m	0	1	1	1	2
s	-1	0	0	0	-1

(3.2)

Die Dimensionsmatrix hat einen Rang von zwei. Dies ergibt laut Π-Theorem eine Liste aus drei dimensionslosen Kennzahlen ($n = 5$, $r = 2$), die das Problem der hydrodynamischen Stabilität der Strömung vollständig beschreiben. Die Kennzahlen sind:

$$\frac{\omega_k \cdot R_i \cdot d}{\nu}; \quad \frac{d}{R_i}; \quad \frac{d}{H} \tag{3.3}$$

Die erste dimensionslose Zahl entspricht einer Reynoldszahl, wenn als Geschwindigkeit die Oberflächengeschwindigkeit des Innenzylinders eingesetzt wird:

$$Re_{\phi,k} = \frac{\omega_k \cdot R_i \cdot d}{\nu} \tag{3.3 a}$$

Aus der zweiten Kennzahl wird durch eine Umformung das so genannte „radius ratio“ η, welches zur Beschreibung der Geometrie des Spaltes in der Literatur oft verwendet wird:

$$\eta = \frac{R_i}{R_i + d} \tag{3.3 b}$$

Der Reziprokwert zu der dritten Kennzahl ist der „aspect ratio“ Γ. Es beschreibt die Länge des Spaltes in Verhältnis zur Spaltbreite:

$$\Gamma = \frac{H}{d} \tag{3.3 c}$$

Die kritische Reynolds-Zahl, bei der der Umschlag zur Wirbelströmung erfolgt, hängt somit vom Verhältnis zwischen Innen- und Außendurchmesser der Zylinder ab, sowie von der auf die Spaltbreite bezogenen Zylinderlänge. Es gibt je nach Formulierung der Relevanzliste verschiedene Lösungen für das Problem der Stabilität mit unterschiedlichen Formen der Reynolds Zahl (in manchen Quellen auch Taylor-Zahl *Ta*, [Fahidy & Mohd, 1986]). Aber die Grundform der Lösung bleibt dabei wie folgt:

$$Re_{\phi,k} = f(\eta, \Gamma) \tag{3.4}$$

Im Grenzfall eines unendlich langen Zylinders wird angenommen, dass die kritische Reynolds-Zahl nur von der Kenngröße η abhängig ist, d.h. die Zylinderlänge spielt dabei keine Rolle. Experimentelle Untersuchungen bestätigen diese Aussage: der Umschlag zu laminaren Wirbeln sei für alle Zylinderlängen von der Länge unabhängig, der Umschlag zu der Wellenströmung sei bereits für Zylinder mit $\Gamma > 40$ von der Länge unabhängig, z.B. [Cole, 1976]. In der hier vorliegenden Arbeit wird angenommen, dass die kritische Reynolds-Zahl nur von dem Verhältnis zwischen Spaltbreite und Innenzylinderradius abhängt.

Weitere Übergänge zwischen den Strömungszuständen lassen sich ebenfalls mit Hilfe der kritischen Reynolds-Zahl bestimmen. Im folgenden Abschnitt wird eine Übersicht über die Untersuchungen zur Stabilität der Strömung gegeben, sowie die bekannten Korrelationen zur Berechnung der kritischen Reynolds-Zahlen aufgeführt.

3.3. Stabilität der Strömung ohne und mit überlagerter axialer Strömung

Der Umschlag von der Couette Strömung zu der Wirbelströmung ist in zahlreichen Arbeiten umfassend untersucht worden. Bereits 1923 hat Taylor eine Stabilitätsanalyse zur Berechnung der kritischen Drehzahl vorgelegt [Taylor, 1923]. Seitdem haben mehrere Autoren den Umschlag experimentell und theoretisch untersucht, die Ergebnisse sind z. B. in [Coles, 1965], [Davey, 1962], [Davey et al., 1968], [Donnelly, 1958], [Chandrasekhar, 1958], [DiPrima & Swinney, 1981] präsentiert. Zusammenfassend wird hier folgende theoretisch hergeleitete Gleichung aufgeführt. Sie gibt die meisten vorhandenen experimentellen sowie numerischen Ergebnisse gut wieder [Esser & Grossmann, 1995]:

$$Re_{\phi,k} = \frac{1}{0{,}1556^2} \cdot \frac{(1+\eta)^2}{2\eta \cdot \sqrt{(1-\eta)\cdot(3+\eta)}} \tag{3.5}$$

Diese Gleichung zeigt die kritische Reynolds-Zahl als Funktion des Verhältnisses zwischen den Radien von Innen- und Außenzylindern. Viele Autoren benutzen dafür auch die so genannte Taylor-Zahl (*Ta*) anstatt der Reynoldszahl:

$$Ta = \frac{\omega \cdot R_i \cdot d}{\nu} \cdot \sqrt{d / R_i} = Re_\phi \cdot \sqrt{d / R_i} \tag{3.6}$$

Dies ist für kleine Werte von η meist sinnvoller. Bei unendlich schmalem Spalt ($\eta \rightarrow 1$) ist die kritische Reynoldszahl nämlich nicht berechenbar ($Re_{\phi,krit} \rightarrow \infty$). Dabei ergibt sich in diesem Fall durch die Stabilitätsanalyse eine theoretische kritische Taylor-Zahl von 41,2, die als Bezugswert für die Anpassung aller empirischen Formeln zur Berechnung der kritischen *Ta* bzw. *Re*-Zahlen benutzt wird. Eine graphische Darstellung der Gleichung 3.5 und ihre Repräsentation als $Ta_k = f(\eta)$ ist Abb. 3.2 zu entnehmen:

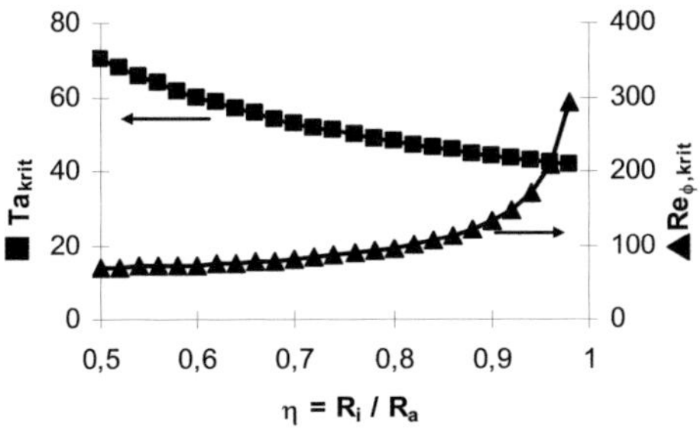

Abb. 3.2. *Kritische Reynoldszahl $Re_{\phi,krit}$ und kritische Taylor-Zahl Ta_{krit} in Abhängigkeit von η*

Der Übergang zum Wellenregime hängt auch stark von der Geometrie ab. Die zweite kritische Reynolds-Zahl $Re'_{\phi,krit}$ für diesen Übergang ist $1{,}05 \cdot Re_{\phi,krit}$ bis $1{,}1 \cdot Re_{\phi,krit}$ bei $\eta = 0{,}95$ und kann bis $10 \cdot Re_{\phi,krit}$ bei $\eta = 0{,}5$ erreichen [DiPrima & Swinney, 1981], [Kataoka, 1986]. Außerdem ist die Zylinderlänge für die Entstehung von Wellen von großer Bedeutung. Kurze Zylinder führen zur Erhöhung der zweiten kritischen Reynolds-Zahl, und erst bei einer Zylinderlänge größer $40 \cdot d$ unterscheidet sich $Re'_{\phi,krit}$ nicht mehr von den für unendlich lange Zylinder berechneten Werten [Cole, 1976]. Erste Turbulenzerscheinungen treten bei den Reynolds-Zahlen von $10 \cdot Re_{\phi,krit}$ hervor und die Wellen sind in der Regel ab Reynolds-Zahlen von über $20 \cdot Re_{\phi,krit}$ nicht mehr sichtbar. Bei $100 \cdot Re_{\phi,krit}$ ist die Turbulenz vollständig entwickelt [DiPrima & Swinney, 1981].

Eine überlagerte axiale Strömung stabilisiert das Fluid. Der Übergang zur Wirbelströmung erfolgt bei höheren Reynolds-Zahlen als im Fall ohne axialen Durchfluss. Zu solchen Ergebnissen kamen mehrere Autoren, die eine Taylor-Couette Strömung mit überlagerter axialer Strömung sowohl experimentell [Donnelly & Fultz, 1960 b], [Snyder, 1962], [Gravas & Martin, 1978], [Coney & Simmers, 1979], [Lueptow et al., 1992] als auch mit Hilfe der Stabilitätsanalyse [DiPrima, 1960], [Chung & Astill, 1977], [Hasoon & Martin, 1977], [DiPrima & Pridor, 1979], [Ng & Turner, 1982] untersucht haben. Die axiale Strömung wird üblicherweise durch eine axiale Reynolds-Zahl charakterisiert:

$$Re_{ax} = \frac{u_{ax} \cdot 2d}{\nu} \tag{3.7}$$

Den Anstieg der kritischen Reynolds-Zahl für den Übergang zur Wirbelströmung kann man mit Hilfe folgender empirischer Formel beschreiben [Snyder, 1962]:

$$T_{krit} = T_{krit}(Re_{ax} = 0) + 0{,}28 \cdot Re_{ax}^2 \tag{3.8}$$

Hier ist T eine besondere Form der Taylor-Zahl, wie sie in manchen, vor allem älteren Literaturquellen vorkommt:

$$T = \frac{2 \cdot \omega^2 \cdot \eta^2 \cdot d^4}{\left(1-\eta^2\right) \cdot \nu^2} \tag{3.9}$$

Der Grenzwert dieser Taylor-Zahl bei $\eta \rightarrow 1$ ist 1708, für einen Fall ohne überlagerte axiale Strömung. Zusammen mit der Gl. 3.3 ergibt sich für kritische Reynolds-Zahl folgende Gleichung, die experimentelle Daten bis zur $Re_{ax} = 200$ gut wiedergibt:

$$Re_{\phi,krit} = \sqrt{Re_{\phi,krit}^2(Re_{ax}=0) + 0{,}28 \cdot Re_{ax}^2 \cdot \frac{(1+\eta)}{2\cdot(1-\eta)}} \quad (3.10)$$

Zum Vergleich sind in Abb. 3.3 die experimentellen Werte aus [Donnelly & Fultz, 1960 a] zusammen mit den berechneten nach Gl. 3.10 theoretischen Werten dargestellt:

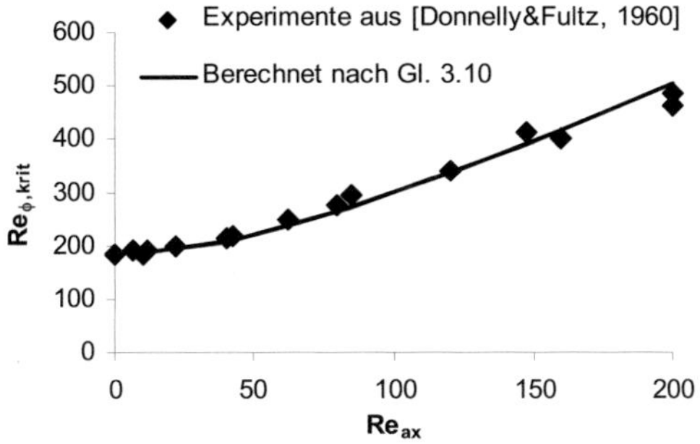

Abb. 3.3. *Kritische Reynolds-Zahl in Abhängigkeit von axialer Reynoldszahl (η = 0,95)*

Eine weitere Besonderheit der Strömung mit überlagerter axialer Strömung ist die Entstehung der sogenannten Drallströmung. Die Strömung weist bei Erhöhung der Rotationsgeschwindigkeit die gleichen Regimes wie ohne axiale Strömung auf (die Übergänge zwischen den Regimes sind dabei verschoben entsprechend axialer Reynolds-Zahl), mit dem Unterschied, dass die Wirbel sich entlang der Zylinderachse stromabwärts bewegen (propagating Taylor vortices). Bei höheren axialen Reynolds-Zahlen sind die Wirbel jedoch nicht mehr axialsymmetrisch. Ungefähr bei Re_{ax} = 8 - 10 erfolgt der Umschlag zur spiralförmigen Strömung, deren Spiralen zunächst bewegungslos sind (stationary spirals). Bei weiterer Erhöhung der axialen Reynolds-Zahl beginnen die Spiralen sich stromabwärts zu bewegen (moving spirals), bis sie beim zweiten Umschlag wieder zu den sich bewegenden Taylor-Wirbeln übergehen [Tsameret & Steinberg, 1994]. Umfassende Strömungskarten und weitere Angaben zum Thema sind in [Tsameret & Steinberg, 1994] sowie in [Lueptow et al., 1992] zu finden.

3.4. Vermischung in der Taylor-Couette Strömung

Die hydrodynamischen Besonderheiten beeinflussen auch das Mischverhalten der Taylor-Couette Strömung. Aufgrund der einzigartigen Strömungsstruktur stellen die toroidalen Wirbelzellen voneinander getrennte Fluidbereiche dar, die nur begrenzt miteinander Masse austauschen. In laminarem Bereich der Drehzahlen nähert sich die Strömung sogar einer idealen Kaskade von Rührkesseln, und besitzt somit eine sehr enge Verweilzeitverteilung [Kataoka et al., 1975]. Eine solche für mehrere Anwendungen attraktive Strömungssituation hat im Wesentlichen das Interesse an Taylor-Couette Strömung in der Praxis ausgelöst.

Der Stoffaustausch zwischen den benachbarten Wirbelzellen war bislang im Mittelpunkt der meisten Untersuchungen zur Vermischung in der Taylor-Couette Strömung. Es wurde angenommen, dass das Innere einer Wirbelzelle gut vermischt ist, sodass sich die Vermischung auf die Ausbreitung des Stoffes von Wirbelzelle zu Wirbelzelle entlang der Zylinderachse beschränkt. Mehrere Autoren haben versucht, dieses Verhalten mit Hilfe des Models der axialen Dispersion zu beschreiben [Croockewit et al., 1955], [Tam & Swinney, 1987], [Enokida et al., 1989], [Pudjiono et al., 1992], [Moore & Cooney, 1995]. Als Modellparameter wird dabei der axiale Dispersionskoeffizient verwendet, der als eine Funktion der Drehgeschwindigkeit des Innenzylinders steigt. Eine ähnliche Strömungsstruktur wird mit dem Modell einer Kaskade idealer Rührkessel mit Rückströmung dargestellt. Dieses Modell ist eine diskretisierte Form des Modells axialer Dispersion. Die Rückvermischung wird als der Anteil an Gesamtvolumenstrom, der einen gleichen Stoffstrom aus einer Wirbelzelle in die andere verursacht wie die axiale Dispersion, als Modellparameter berücksichtigt [Kataoka & Takigawa, 1981], [Ohmura et al., 1998]. Beide Parameter (axialer Dispersionskoeffizient und Anteil an Rückvermischung) können ohne Probleme ineinander umgerechnet werden [Zhu et al., 2000].

Bei der Vermischung zwischen den toroidalen Wirbelzellen ist die Größenordung der Inhomogenitäten größer als die Spaltbreite des Reaktors. Entsprechend der Annahme, dass die Konzentration in der Wirbelzelle sofort nach dem Eintritt der Inhomogenität ausgeglichen wird (idealer Rührkessel), und wenn die Länge der Wirbelzellen ungefähr gleich der Spaltbreite ist, sind die segregierten Bereiche so groß, wie die Wirbelzelle selbst. Diese Überlegung lässt die Grenze zwischen der Makro- und Mesovermischung in Taylor-Couette Strömung ausgehend aus der Geometrie der Strömung festlegen. Als Makrovermischung wird daher der Stoffaustausch zwischen den Wirbelzellen bezeichnet.

Die Vermischung im Inneren der Wirbelzelle, oder Mesovermischung, ist noch nicht ausreichend untersucht. Die Annahme über die vollständige Vermischung im Wirbelzelleninneren ist nur in den voll turbulenten Strömungen gerechtfertigt. Bei niedrigeren Drehzahlen existieren im Inneren der Wirbelzelle große Konzentrationsunterschiede, manchmal noch lange, nachdem sich die gemittelten Konzentrationen der benachbarten Wirbelzellen ausgeglichen haben. Die laminare Mesovermischung wurde in folgenden Arbeiten experimentell untersucht und modelliert: [Campero & Vigil, 1997], [Desmet et al., 1996 a,b], [Desmet et al., 1997 a,b], [Giordano et al., 1998]. Zunächst hat man das Zelleninnere in zwei Bereiche aufgeteilt, den Kernbereich und den Randbereich, zwischen denen der Massenaustausch entsprechend einem Diffusionskoeffizienten erfolgt. Bei kleineren Drehzahlen in der Nähe des Umschlags zur Taylor-Strömung kann dieses Modell sogar erweitert werden, indem der Kernbereich weiter in mehrere ineinander eingeschlossene Schichten aufgeteilt wird [Giordano et al., 2000]. Diese Modelle sind zunehmend kompliziert und haben 3 und mehr Parameter, die an die Versuchsergebnisse angepasst werden müssen. Über die Mesovermischung in turbulenter Taylor-Couette Strömung ist bislang relativ wenig bekannt. Dabei stellt die Mesovermischung eine bedeutende Phase der Vermischung dar, weil sie die Umgebung für die anschließende Mikrovermischung und somit für die chemische Reaktion bestimmt.

Mikrovermischung ist die Einmischung der kleinsten segregierten Bereiche in das umgebende Fluid und der Konzentrationsausgleich innerhalb der Mikrowirbel durch molekulare Diffusion. Die Bedeutung der Mikrovermischung für die chemische Reaktion in Taylor-Couette Reaktor wurde in letzter Zeit bewiesen [Barresi et al., 1999], [Liu & Lee, 1999], [Ohmura et al., 2002]. Die Mikromischintensität hängt von der in die Strömung durch die Drehbewegung des Innenzylinders eingetragenen und dort dissipierten Energie ab, die durch die Drehzahl des Innenzylinders und weitere Parameter bestimmt wird. Diese Größen sind einfach zu messen, und so kann die mittlere Mikromischzeit ausgehend aus wenigen Experimenten berechnet werden. Da aber die Strömungsgeschwindigkeiten am Rand und in der Mitte der Wirbelzelle sehr unterschiedlich sein können, ist offensichtlich, dass die Mikromischintensität in der Strömung auch ungleichmäßig verteilt ist. Für schnelle Reaktionen ist es vor allem wichtig, welche Mikromischintensität an der Stelle herrscht, wo die Reaktanden aufeinander treffen. Die genaue Verteilung der Mikromischintensität in der Taylor-Couette Strömung ist bis heute nicht untersucht worden.

Vorgehensweise zur Untersuchung

Somit kann die in der hier vorliegenden Arbeit gewählte Vorgehensweise zur Untersuchungen der Vermischung in Taylor-Couette Strömungen näher formuliert werden. Zunächst wird die Makrovermischung untersucht, indem die Verweilzeitverteilung experimentell gemessen und der axiale Dispersionskoeffizient als Modellparameter durch die Anpassung an die Versuchsdaten ermittelt wird. Die Abhängigkeit des Dispersionskoeffizienten von der Drehzahl und weiteren Prozessparametern wird geklärt, vor allem aber der Zusammenhang mit den geometrischen Parametern. Diese Abhängigkeit wird mit den in der Literatur vorhandenen Korrelationen verglichen, und neue Korrelationen werden gegebenenfalls ausgehend von den experimentellen Daten und der Dimensionsanalyse aufgestellt.

Des weiteren, wird die Vermischung im Wirbelinneren untersucht. Experimentell wird die Struktur der Inhomogenitäten in Visualisierungsversuchen aufgezeigt, sowohl im laminaren als auch im turbulenten Strömungsbereich. Der Verlauf der Vermischung wird durch die zeit- und ortsaufgelösten Messungen des Segregationsgrades und weiterer Kenngrößen quantitativ untersucht, und die Zeitkonstanten der Änderung dieser Größen werden berechnet. So werden Aussagen über die Vermischung auf Mesoebene gemacht.

Für die Ermittlung der Verteilung von Mikromischzeiten werden Experimente benötigt, in denen die lokalen Geschwindigkeiten der Strömung gemessen werden. Solche ortsaufgelösten Messungen geben Aufschluss auch über die Strömungsstruktur und Turbulenz. Die mittleren Mikromischzeiten werden aus den Drehmomentmessungen berechnet. Nachdem alle drei Zeitkonstanten der Vermischung bekannt sind, kann der limitierende Schritt im gesamten Mischvorgang ermittelt werden. Dies ermöglicht es, den Ablauf einer Reaktion unter den vorliegenden Mischbedingungen vorherzusagen.

Das Untersuchungsfeld wird weiterhin auf die Vermischung zweier nicht-isoviskoser Flüssigkeiten ausgeweitet, um den Einfluss der Viskositätsunterschiede auf die Mischzeiten, vor allem bei der Makro- und Mesovermischung, zu bestimmen.

4. Versuchsaufbau und experimentelle Methoden

4.1. Kenndaten des Versuchsreaktors

Zur Untersuchung der Vermischung in der Taylor-Couette Strömung wurde eine auf die messtechnischen Anforderungen abgestimmte Versuchsanlage aufgebaut. Sie besteht aus einem senkrechten Taylor-Couette Reaktor, dessen Innenzylinder oben an einen Rührmotor angekoppelt ist. Zur Anlage gehören mehrere Pumpen mit verschiedenen Volumenstrombereichen und ein Thermostat zum Temperieren der zu mischenden Flüssigkeiten auf die gewünschte Temperatur. Um die Temperaturen im Reaktor ständig zu überwachen, wurden am Eintritt und am Austritt des Reaktors zwei Thermoelemente eingebaut. Die Anlage sollte den optischen Zugang zur Strömung im Reaktor gewährleisten, daher wurde als Material für die Fertigung des Außenzylinders Acrylglas gewählt. Aufgrund der Krümmung des Außenzylinders und der Differenz zwischen den Brechungsindizes von Luft und Acrylglas würde das Licht teilweise an der Zylinderoberfläche gebrochen werden. Das würde bei den optischen Messungen dazu führen, dass die Abbildung des Reaktorinneren verzerrt erscheint. Um diesen Effekt zu vermeiden, wurde um den Zylinder ein rechteckiger ebenfalls aus Plexiglas gefertigter Doppelmantel aufgebaut. Der Doppelmantel kann mit einer Flüssigkeit mit einem an das Plexiglas angepassten Brechungsindex befüllt werden.

Beim Aufbau der Versuchsanlage mussten folgende Voraussetzungen bezüglich der Abmessungen des Reaktors erfüllt werden. Die Abmessungen sollten es zusammen mit dem verfügbaren Drehzahlbereich des Motors erlauben, die gesamte Vielfalt der Strömungsformen zu erzeugen, um das Mischverhalten möglichst umfassend beschreiben zu können. Der Außenzylinder hat einen Innendurchmesser von 100 mm. Um einen möglichst großen Bereich der Strömungsregimes abzudecken, wurden drei verschiede Innenzylinder verwendet, mit den Außendurchmessern von 63 mm, 75,8 mm und 88,6 mm. Dies ergibt Radienverhältnisse von $\eta_1 = 0{,}63$, $\eta_2 = 0{,}758$ bzw. $\eta_3 = 0{,}886$ und ermöglicht somit zusätzlich die Untersuchung des Einflusses dieser Kennzahl auf die Strömung und das Mischverhalten. Die kritischen Reynolds- bzw. Taylor-Zahlen für die drei Zylindergrößen wurden nach der in [Esser & Grossman, 1995] analytisch hergeleiteten Gleichung (Gl. 3.5) berechnet. Ohne überlagerte axiale Strömung betragen die kritischen Reynoldszahlen $Re_{\phi,\mathrm{krit}} = 75{,}2$, 88,3 bzw. 124,6. Bei einer überlagerten axialen Strömung wurden die kritischen Reynoldszahlen nach Gl. 3.10 in Abhängigkeit von der jeweiligen axialen Reynoldszahl berechnet. Die Reynoldszahlen, die bei verschiedenen Innenzylindergrößen abgedeckt wurden, sind in Abb. 4.1 dargestellt.

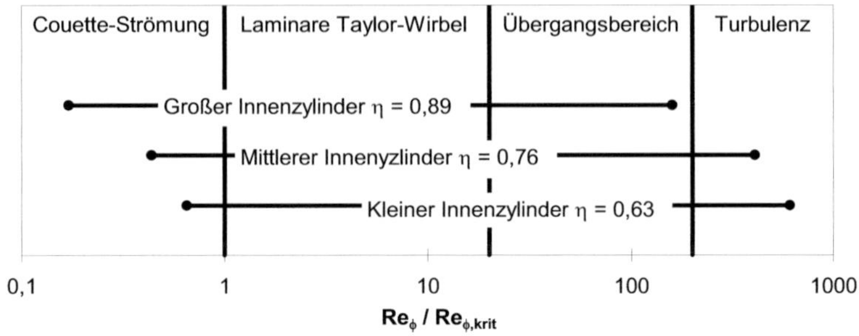

Abb. 4.1. *Reynoldszahl Bereiche bei verschiedenen Innenzylindergrößen*

Die kleinsten Reynoldszahlen sind für die untere Grenze der Drehzahlen (40 min^{-1}) bei einer Viskosität von $5 \cdot 10^{-5}$ m²/s berechnet. Bei Verwendung einer Flüssigkeit mit noch höherer Viskosität könnte der Reynoldszahl Bereich nach unten erweitert werden. Die oberen Grenzen sind für eine Drehzahl von 750 min^{-1} und Wasser berechnet.

Der Innenzylinder ist 390 mm lang (die konischen Zu- und Auslaufbereiche ausgenommen). Um die Anlaufeffekte an beiden Enden des Reaktors auszuschließen, wäre es nötig, die Länge des Zylinders entsprechend groß zu wählen. Aus der Literatur ist bekannt, dass die Anlaufeffekte sich auf den 2 bis 3 Spaltbreiten langen unteren und oberen Teil der Strömung auswirken [Giordano et al., 1998], [Parker & Merati, 1996]. Der Abstand von 3 Wirbelzellen zwischen dem Ein- bzw. Austritt und der Messstrecke in der Mitte des Reaktors konnte auch bei der größten Spaltbreite von 18,5 mm (bei R_i = 31,5 mm) gewährleistet werden. Die konischen Anlaufbereiche verkürzen weiterhin die Anlaufstrecke, weil die Strömung sich zum Teil schon in den konischen Teilen ausbildet. Es wird daher immer davon ausgegangen, dass alle Messungen von Anlaufeffekten unbeeinflusst bleiben. Die wichtigen Kenndaten des Versuchsreaktors sind in Tab. 4.1. zusammengefasst.

Tab. 4.1. *Kenndaten des Versuchsreaktors*

Innenzylinder:	Nr. 1 (klein)	Nr. 2 (mittel)	Nr. 3 (groß)
Durchmesser $D_i = 2 \cdot R_i$, mm	63,0	75,8	88,6
Spaltbreite $d = R_a - R_i$, mm	18,5	12,1	5,7
Radienverhältnis $\eta = R_i / R_a$	0,630	0,758	0,886
Kritische Taylor-Zahl Ta_{krit}	57,6	49,9	44,7
Kritische Reynoldszahl $Re_{\phi,krit}$	75,2	88,3	124,6
Längenverhältnis $\Gamma = H/d$	21	32	68

4.2. Lokale Strömungsgeschwindigkeiten (2D Particle Image Velocimetry)

Die Methode zur berührungslosen Messung lokaler Strömungsgeschwindigkeiten gleichzeitig an mehreren Stellen ist seit mehr als 20 Jahren unter der Abkürzung PIV (Particle Image Velocimetry) bekannt [Adrian, 2005] und ist in der Literatur ausreichend beschrieben. Eine gute Anleitung zur Theorie sowie zur praktischen Anwendung dieser Methode ist im Buch von M. Raffel [Raffel et al., 1998] zu finden. Die neusten Entwicklungen der Messtechnik sind übersichtlich in [Papadopoulos & Guillard, 2004] zusammengefasst. Hier wird daher nur eine kurze Beschreibung des Messprinzips gegeben.

Die Flüssigkeit im Apparat enthält Partikel, die klein genug sind, um den Strömungslinien trägheitsfrei zu folgen. Die Partikel werden mit einem gepulsten Laser beleuchtet, dessen Lichtstrahl mit Hilfe einer zylindrischen Linse zu einem dünnen Lichtschnitt geformt wird. Somit sind nur die Partikel beleuchtet, die sich in einem ausgewählten Querschnitt der Strömung befinden. Der Laser erzeugt zwei kurz nacheinander folgende Pulse, und die Strömung wird bei jedem Puls mit einer mit dem Laser synchronisierten Kamera aufgenommen. In der Zeit zwischen zwei Aufnahmen verschiebt sich jedes Partikel entsprechend den jeweiligen lokalen Strömungsgeschwindigkeiten. Die Aufnahmen werden digital analysiert, indem sie in kleine Bereiche aufgeteilt werden und in jedem Bereich wird eine mittlere Verschiebung aller Partikel berechnet. Somit entsteht ein 2D Vektorfeld aus lokalen Geschwindigkeitsvektoren.

Im Taylor-Couette Reaktor wurde der Querschnitt senkrecht zur Zylinderachse beleuchtet, so dass die Aufnahmen in der *r-z* Ebene gemacht wurden, wie in Abb. 4.2 dargestellt. Die Kamera wurde im Hochformat benutzt, damit ein möglichst langer Abschnitt der Strömung aufgenommen werden kann. Der abgebildete Strömungsabschnitt hat eine Länge von bis zu 52 mm und befindet sich genau in der Mitte des Reaktors.

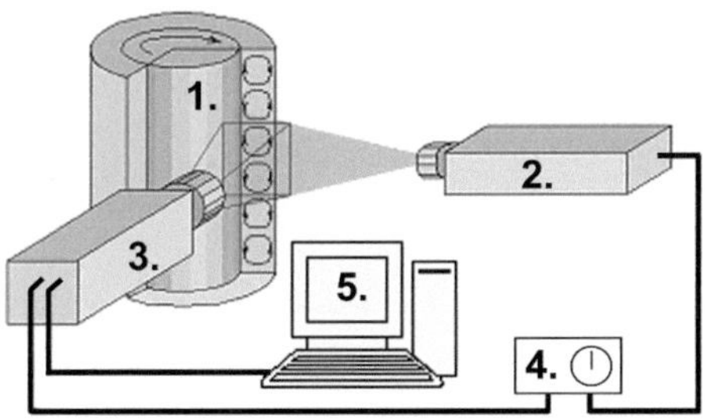

Abb. 4.2. *PIV-Messung: 1. Versuchsreaktor 2. Laser 3. Kamera 4. Timing-Einheit 5. Rechner für Bildanalyse*

Für die Strömungsmessungen wurde ein PIV-System der Firma *Dantec Dynamics* verwendet. Das System besteht aus einem gepulsten frequenz-verdoppelten Nd:YAG Laser (Solo PIV II-15 von *New Wave*) mit einer Pulsenergie von 30 mJ pro Puls und einer Wellenlänge von 532 nm; einer Hochgeschwindigkeitskamera (HiSense MKII von *Hamamatsu Photonics*) mit einer Auflösung von 1344x1024 Pixel; und aus einer an den Rechner gekoppelten Einheit für die Systemsteuerung und Synchronisierung. Die Kamera ist mit einem 60 mm Nikon Objektiv für Makrofotografie versehen. Ein grüner Bandpassfilter wurde verwendet, um das Tageslicht abzuschwächen. Der Laserkopf ist 20 cm von der abzubildenden Stelle in der Strömung entfernt. Der Laserlichtschnitt hat eine Divergenz von 20°, somit wird ein Abschnitt von ca. 70 mm in der Strömung beleuchtet. Der Lichtschnitt hat laut Hersteller eine Dicke von ca. 0,2 mm, wenn er auf eine Entfernung von 20 cm fokussiert ist.

Als Partikel für Seeding wurden die Speisestärke-Partikel der Firma *KSL-Staubtechnik* benutzt. Die mittlere Partikelgröße dieser Partikel ist 11,2 µm, was sich aus den Messungen der Partikelgrößenverteilung ergibt (Abb. 4.3). Die Messung wurde mit einem Mastersizer (*Malvern Instruments*) mittels statischer Lichtstreuung durchgeführt. Eine der wichtigsten Voraussetzungen für die PIV-Messung ist die Annahme, dass die Partikel den Strömungslinien hinreichend genau folgen. Nur so kann sichergestellt werden, dass die gemessenen Geschwindigkeiten der Partikel den Geschwindigkeiten des Fluids entsprechen. Ein Kriterium für die maximale Partikelgröße, bei der die Partikel noch nicht von den Strömungslinien abweichen, wurde in [Dring, 1982] vorgeschlagen, nämlich die Stokes-Zahl der Partikel soll den Wert von 0,01 nicht überschreiten. Die Stokes-Zahl berechnet sich aus:

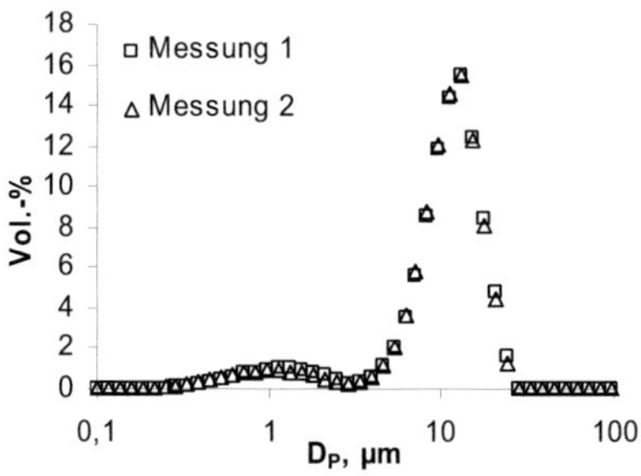

Abb. 4.3. *Partikelgrößenverteilung*

$$St = \frac{D_P^2 \cdot \rho_P \cdot u}{18 \cdot \mu \cdot L} \tag{4.1}$$

Die Stärke hat eine Dichte von 1460 kg/m³, und die maximale Geschwindigkeit in der Strömung kann nicht schneller sein, als die Oberflächengeschwindigkeit des Innenzylinders. Für den ungünstigsten Fall mit dem größten Innenzylinder ergibt sich eine Stokes-Zahl von 0,00625 (u = 3,5 m/s für maximale Drehzahl von 750 min^{-1}, L = 5,7 mm, in Wasser).

Ein anderes Kriterium für Partikel in turbulenten Strömungen wurde in [Westerweel et al., 1996] vorgeschlagen, und zwar soll die Relaxationszeit der Partikel

$$\tau_P = \frac{\rho_P}{\rho} \cdot \frac{D_P^2}{18 \cdot \nu} \tag{4.2}$$

nicht größer sein, als die Kolmogorovsche Zeit τ_K. Aus späteren Messungen (s. Kapitel 5) wurde die kleinste Kolmogorov-Zeit von ca. $\tau_K \approx 2 \cdot 10^{-4} - 3 \cdot 10^{-3}$ s berechnet, die um fast zwei Größenordnungen größer ist, als die Relaxationszeit der Partikel in Wasser $\tau_P \approx 1 \cdot 10^{-5}$ s. Somit haben die Partikel beide Kriterien erfüllt.

Eine weitere wichtige Einstellgröße des Systems für die Strömungsmessungen ist die Zeit Δt zwischen zwei Laserpulsen. Ein falsch gewählter Δt Wert kann zu einem vergrößerten Anteil an fehlerhaften Vektoren in dem Vektorfeld führen. Deswegen muss dieses Zeitintervall noch vor dem Versuchsbeginn festgelegt werden. Es gibt keine allgemeinen Regeln zur Bestimmung von Δt. Es existieren jedoch zwei Richtlinien, aufgrund welcher Δt abgeschätzt werden kann. Während der Zeit Δt legt das Partikel einen bestimmten Weg in den Koordinatenrichtungen z, r und ϕ zurück. Damit die Korrelation zwischen zwei Folgebildern möglich ist, darf das Partikel das Betrachtungsfeld in ϕ-Richtung zwischen 2 Aufnahmen nicht verlassen. Dies bedeutet, dass der zurückgelegte Weg in ϕ-Richtung die Lichtschnittdicke s nicht überschreiten darf. Die maximal erlaubte Zeitschrittweite beträgt:

$$\Delta t_{\max} = \frac{s}{u_{\varphi,\max}} \tag{4.3}$$

Für eine ausreichende Genauigkeit muss andererseits das Partikelabbild auf der zweiten Aufnahme im Vergleich zur ersten Aufnahme mindestens um 10 Pixel in Richtung z und r verschoben werden, damit die Geschwindigkeitsvektoren überhaupt ausgerechnet werden können. Wenn δ die Pixelgröße ist, dann muss die Zeit Δt mindestens betragen:

$$\Delta t_{\min} = \frac{10 \cdot \delta}{\sqrt{u_{r,\max}^2 + u_{z,\max}^2}} \tag{4.4}$$

Der richtige Wert von Δt soll daher zwischen $\Delta t_{\min}$ und $\Delta t_{\max}$ liegen. Auf diese Weise berechnete Δt Werte sind in Abb. 4.4 präsentiert. Als maximale Geschwindigkeiten $u_{z,\max}$, $u_{r,\max}$ und $u_{\phi,\max}$ wurde die Oberflächengeschwindigkeit des Innenzylinders angenommen.

Zur Bestätigung dieser Hypothese wurden je 100 Aufnahmen von der Strömung mit dem mittleren Innenzylinder bei Drehzahlen von 100, 200, 300 und 500 min^{-1} gemacht, mit unterschiedlichen Werten von Δt. Die Doppelbilder wurden mit der Software *FlowManager 4.0* von *Dantec* ausgewertet und der durchschnittliche Anteil an fehlerhaften Vektoren durch in der Software implementierte Filterfunktion berechnet. Die Doppelbilder wurden mit zwei verschiedenen Frequenzen von 1 und 5 Hz aufgenommen, um zu zeigen, dass die Frequenz auf die Auswahl von Δt keinen Einfluss hat. Der Anteil an fehlerhaften Vektoren wurde im Bereich zwischen Δt_{min} und Δt_{max} für alle Drehzahlen minimiert (Abb. 4.5). In weiteren Versuchen wird Δt immer nach dieser Methode als $(\Delta t_{min}+\Delta t_{max})/2$ vor dem Versuch berechnet.

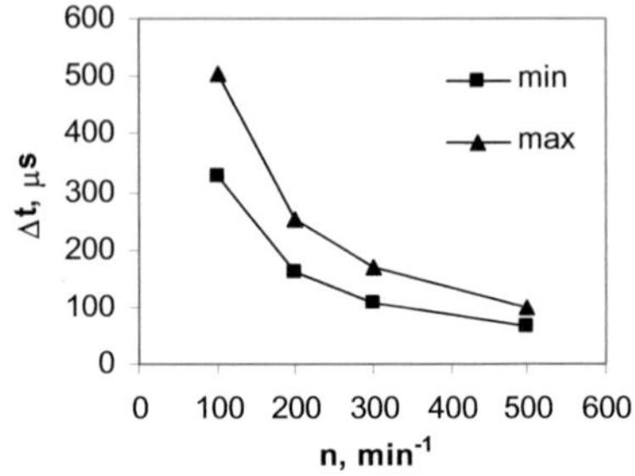

Abb. 4.4. *Min und Max Zeitintervall*

Die Auswahl der örtlichen Auflösung ist für die Genauigkeit der Berechnung von entscheidender Bedeutung. Vor allem in turbulenten Strömungen muss die örtliche Auflösung fein genug sein, um die kleinen Turbulenzschwankungen zu erfassen. Häufig ist solch eine feine Auflösung aufgrund der messtechnischen Limitierungen nicht erreichbar. Dieses Problem sowie die Methoden, damit umzugehen, werden in Kapitel 6 im Detail diskutiert.

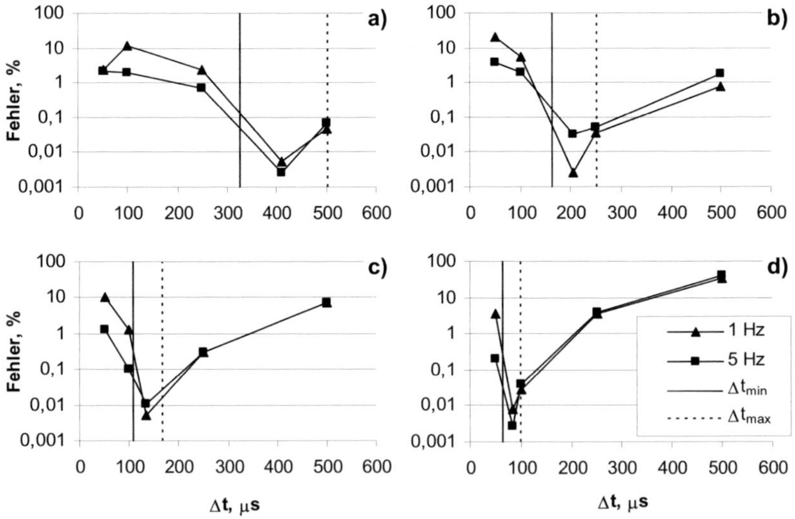

Abb. 4.5. *Anteil an fehlerhaften Vektoren bei a) 100 min^{-1}, b) 200 min^{-1}, c) 300 min^{-1}, d) 500 min^{-1}*

4.3. Lokale Konzentrationen (planare Laser-Induzierte Fluoreszenz)

Laser-Induzierte Fluoreszenz ist eine spontane Lichtemission von Molekülen beim Übergang in einen Zustand niedrigerer Energie, nachdem die Elektronen mit Laserlicht angeregtworden waren. Dieser Effekt eignet sich zur Visualisierung der Mischvorgänge. Einer der zu mischenden Flüssigkeiten wird ein fluoreszenzaktiver Farbstoff zugegeben. Wenn mit Laserlicht bestimmter Wellenlänge angeregt, emittieren die Moleküle eines solchen Farbstoffs das Licht mit einer anderen, größeren Wellenlänge, welches mit Hilfe optischer Filter leicht vom anregenden Laserlicht abgetrennt werden kann. Somit ist eine der Flüssigkeiten dank des emittierten Lichtes sichtbar, wobei die andere dunkel bleibt. Diese Methode ist unter anderem in [Houcine et al., 1996] und [Karasso & Mungal, 1997] ausführlich beschrieben. Ursprünglich hat man für LIF einen kontinuierlichen Laser verwendet, in den neusten Untersuchungen wurden aber auch gepulste Laser benutzt [Karasso & Mungal, 1997], [Shan et al., 2004].

Als Farbstoff wurde Rhodamin B verwendet, der bei der Wellenlänge des Nd:YAG Lasers (532 nm) angeregt wird und dessen Emissionsmaximum bei 590 nm liegt. Die Absorbtions- und Emissionsspektren von Rhodamin B sind in Abb. 4.6 dargestellt [Berlman, 1971].

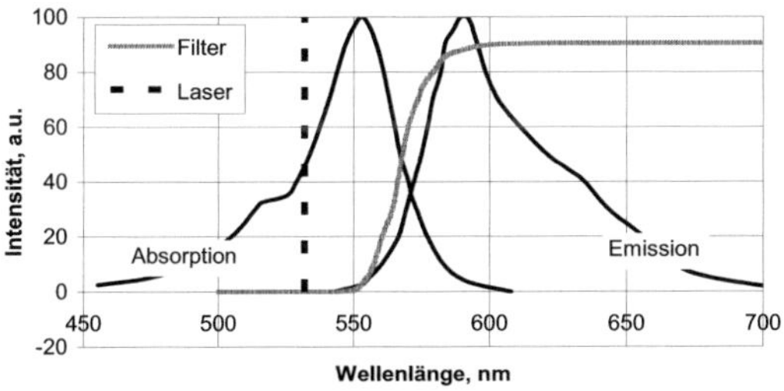

Abb. 4.6. *Absorptions- und Emissionsspektren von Rhodamin B*

Der Versuchsaufbau war bei den LIF-Versuchen ähnlich, wie bei den PIV-Aufnahmen, mit dem Unterschied, dass die Kamera mit einem anderen optischen Filter ausgestattet war. Dieser ist ein roter Farbglasfilter der Firma *Schott*, der das Laserlicht absorbiert und das Fluoreszenzlicht durchlässt. In der Abb. 4.6 ist auch die Kennlinie des Farbglasfilters dargestellt (Hersteller-Daten). Ein kontinuierlicher Volumenstrom von Wasser oder anderer Flüssigkeit wurde mit Hilfe einer Zahnradpumpe durch den Reaktor gefördert. Ein weiterer Volumenstrom, in dem zuvor der Farbstoff aufgelöst worden war, wurde mit Hilfe einer Dosierpumpe der Hauptströmung zugegeben. Die Strömung wurde mit dem Laserlichtschnitt beleuchtet und somit wurde der Mischvorgang im ausgewählten Strömungsquerschnitt visualisiert. Die Intensität der Fluoreszenz wurde mit Digitalkamera mit der Auflösung von 256 Graustufen (8-

bit Aufnahmen) erfasst. Da die Strömung als rotationssymmetrisch angenommen wird, stellt eine solche Aufnahme eine repräsentative Abbildung der gesamten Strömung dar.

Die Aufnahmen wurden in der Mitte der Reaktorhöhe gemacht. Die Kamera und der Laserlichtschnitt wurden auf die gleiche Höhe gebracht, sodass die Aufnahmen vom Laser gleichmäßig beleuchtet sind. Eine schematische Darstellung der LIF-Versuche ist in Abb. 4.7 gezeigt. Die Tracer-Zugabestelle befand sich stets unterhalb des unteren Randes der Aufnahmen, der Abstand H zwischen der Zugabestelle ($z = 0$) und der Mitte der Aufnahme wird bei jedem Versuch einzeln angegeben. Auf den Aufnahmen erscheint die mit Farbstoff markierte Flüssigkeit heller, die farbstoffarme Flüssigkeit dunkler. Bei niedrigen Farbstoffkonzentrationen hängt die Helligkeit der Abbildung linear von der Farbstoffkonzentration ab. Nach einer Kalibrierung ist es möglich, den Helligkeitsgrad von jedem Pixel in der Aufnahme direkt in die Konzentration an der entsprechenden Stelle in der Strömung umzurechnen [Fall et al., 2001], [Lima et al., 2002].

Abb. 4.7. *Schematische Darstellung einer LIF-Aufnahme*

Die Kalibrierungsmethode besteht darin, den Reaktor mit homogenen Farbstofflösungen bekannter Konzentrationen zu befüllen und zu fotografieren. Die Konzentration ist somit an jedem Ort im Reaktor gleich, die Helligkeit ist aber leicht unterschiedlich, zum Teil aufgrund der Gaußschen Verteilung der Intensität im Laserlichtschnitt und zum Teil durch die unterschiedlich langen Distanzen, die das Laserlicht auf dem Weg zum beleuchteten Ort im Reaktor zurücklegt. Abb. 4.8 zeigt die Helligkeit der Pixel in der Aufnahme bei gleicher Farbstoffkonzentration an unterschiedlichen Stellen im Reaktor (bei kleinem Innenzylinder). Jeder Punkt steht für eine lokale über 20 Aufnahmen gemittelte Signalintensität.

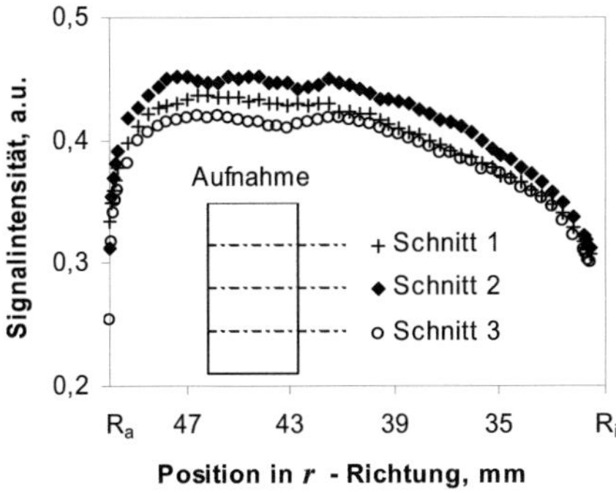

Abb. 4.8. *Helligkeitsgrad an verschiedenen Stellen*

Wie aus der Abbildung folgt, muss für jeden einzelnen Pixel ein Umrechnungsfaktor bestimmt werden, der die Helligkeit der Pixel der Konzentration gegenüberstellt. Nach der Umrechnung erhält man ein Konzentrationsfeld, wo jedem Pixel ein Wert der lokalen Konzentration zugewiesen wird. Aus der Kalibrierung ergibt sich eine Gerade, derer Steigung je nach Position unterschiedlich ist. Zwei solche Geraden sind in der Abb. 4.9 für zwei Punkte in der Mitte der Aufnahme gezeigt.

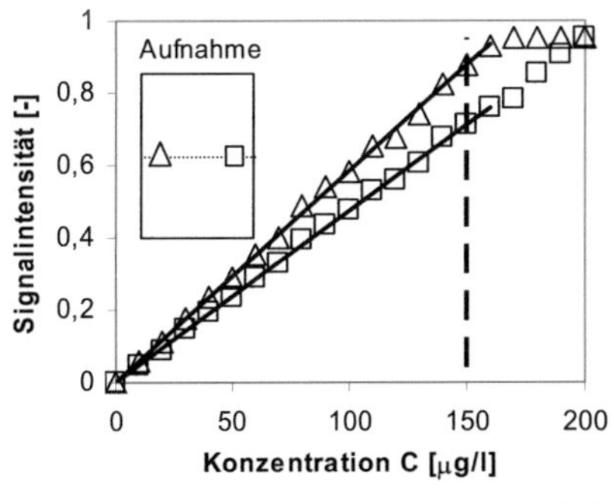

Abb. 4.9. *Kalibrierungsgeraden für Punkte in der Mitte der Aufnahme je 3 mm von Innen- (Rechteck) oder Außen- (Dreieck) Zylinder entfernt*

Die Helligkeit ist bis zu einer Konzentration von 150 μg/L linear von der Konzentration abhängig. Es sollte also keine Lösung verwendet werden, bei der die Konzentration in der Aufnahme den Wert von 150 μg/L überschreitet.

4.4. Verweilzeitverteilung

Die Verweilzeit der teilnehmenden Moleküle in der Reaktionszone ist entscheidend für den Ablauf einer chemischen Reaktion. In einem idealen Plug-Flow Reaktor haben alle Moleküle die gleiche Verweilzeit, die sich aus dem Reaktorvolumen und Volumenstrom berechnen lässt. Die Moleküle, die gleichzeitig in den Reaktor eintreten, werden ihn auch gleichzeitig verlassen, da keine Vermischung in axialer Richtung stattfindet. Sobald aber im Reaktor eine axiale Vermischung auftritt, wird die Verweilzeit verschiedener Flüssigkeitselemente (Moleküle) unterschiedlich. Dies kann den Umsatz und bei parallelen oder Folgereaktionen die Selektivität stark beeinflussen. Daher ist die Messung der Verweilzeitverteilung für die Charakterisierung eines Reaktors unabdingbar.

Die Verweilzeitverteilung kann gemessen werden, indem der Strömung am Eintritt in den Reaktor eine Störung (Signalfunktion) zugeführt und am Ausgang die Antwort auf diese Störung (Antwortfunktion) gemessen wird. Die häufigsten in der Reaktionstechnik verwendeten Signalfunktionen sind Dirac-Impuls und Sprungfunktion, wobei die letztere in der Praxis einfacher zu realisieren ist. Die Sprungfunktion wurde auch zur Messung der Verweilzeitverteilung im Taylor-Couette Reaktor verwendet.

Eine konstante axiale Strömung wurde mit Hilfe einer Zahnradpumpe durch den Reaktor gefördert. Nachdem die Strömung sich stabilisiert hatte, wurde dieser eine weitere mit einem Tracer-Farbstoff markierte Strömung sprunghaft zugegeben. Die zugegebene Strömung war sehr klein im Vergleich zu der Hauptströmung, sodass deren Einfluss auf die Strömungsstruktur vernachlässigbar war. In einem Abstand von 30,5 cm von der Zugabestelle stromabwärts wurde die Konzentration des Farbstoffes mit einem Spektrometer gemessen. Die Messung ist schematisch in Abb. 4.10 dargestellt.

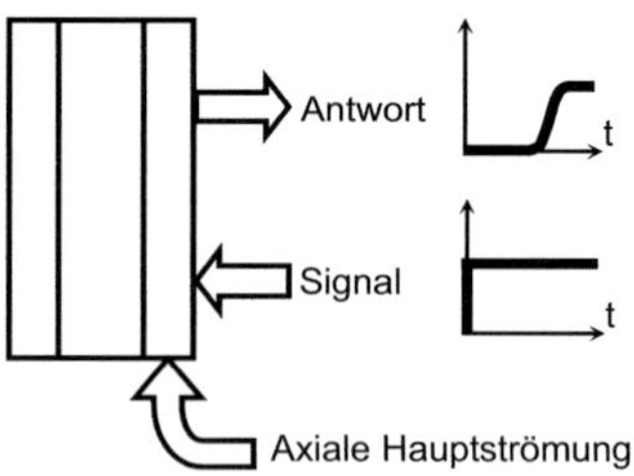

Abb. 4.10. *Messung der Verweilzeitverteilung*

Als Tracer wurde der Farbstoff Methylenblau benutzt, dessen Konzentration mit einem UV/VIS Spektrometer leicht zu bestimmen ist. Das Absorptionsmaximum von Methylenblau liegt bei der Wellenlänge von 663 nm. Zum Bestimmen der Konzentration des Farbstoffes wurde die Integralfläche des Peaks im Bereich von 660 bis 670 nm im Absorptionsspektrum benutzt. Als Lichtquelle wurde eine Halogen-Lampe benutzt. Das Licht wurde über einen Y-Lichtleiter in den Reaktor geleitet, von der Innenzylinderwand reflektiert und der nichtabsorbierte Anteil gelangte über den zweiten Lichtarm des Lichtleiters zum Spektrometer (s. Abb. 4.11).

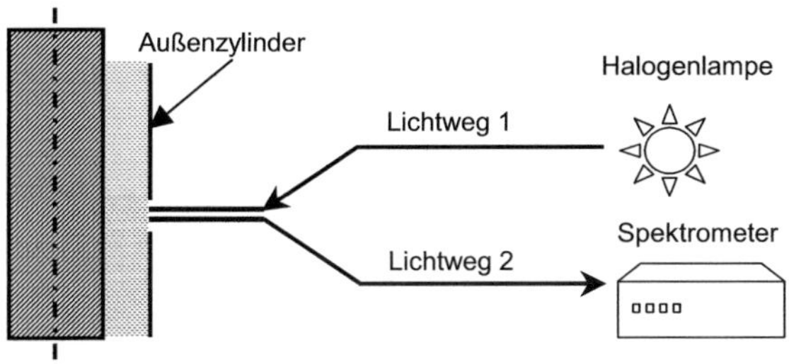

Abb. 4.11. *Konzentrationsmessung mit Y-Lichtleiter*

Somit wurde die Messung in der Form einer „durch die Wand"-Messung durchgeführt, die für die vorliegende Strömungssituation in [Levenspiel, 1972] diskutiert wurde. Diese Messungsform besteht in einer Registrierung der Farbstoffkonzentration in der an der Messstelle vorbeiströmenden Flüssigkeit. Aus der Antwortfunktion wurde die mittlere Verweilzeit und die Parameter der Verweilzeitverteilung bestimmt.

4.5. Drehmoment des Innenzylinders

Die Energie der Strömung, die für die Vermischung zur Verfügung steht, ist durch die Gesamtmenge an kinetischer Energie bestimmt, welche bei einer turbulenten Strömung in der Flüssigkeit dissipiert wird. Diese Energie kann aus dem Energieeintrag in die Strömung durch die Rotation des Innenzylinders berechnet werden:

$$\varepsilon = \frac{P}{\rho \cdot V} = \frac{T \cdot \omega}{\rho \cdot V} \tag{4.5}$$

Hier ist P die effektive Leistung in [W], die in die Flüssigkeit übergeht, und T das Drehmoment des Innenzylinders in [N·m]. Somit beschränkt sich die Messung der effektiven Leistung des Reaktors hinsichtlich der Vermischung auf die Messung des Drehmoments des Innenzylinders. Eine solche Messung kann mit Hilfe der in [Großmann, 1982] beschriebenen Methode durchgeführt werden.

Der Versuchsaufbau ist in Abb. 4.12 präsentiert. Die Messeinrichtung besteht aus einem luftgelagerten Drehtisch. Der untere Teil des Tisches ist aus einem porösen Sintermetall gefertigt. Die Druckluft mit dem Druck von 8 bar wird in die Metallplatte geleitet und durch die Poren nach oben gepresst. Sie kommt an der oberen Seite der Platte raus und hält so den oberen Teil des Drehtisches im Schwebezustand ohne direkten Kontakt zu der Oberfläche des unteren Teils. Damit die Platten nicht radial auseinander gleiten, ist der obere Teil auf einer Nadel in der Mitte gelagert. Die Lagerung ist dementsprechend fast reibungslos. Der Reaktor ist auf dem oberen Teil des Drehtisches konzentrisch positioniert. Der Innenzylinder ist vom Außenzylinder getrennt, lediglich unten ist er durch eine axiale Lagerung geführt, die eine konzentrische Einordnung der beiden Zylinder sicherstellt. Der Kontakt zwischen den Zylindern erfolgt durch die Scherkräfte in der Flüssigkeit. Am Drehtisch ist in einem bekannten Abstand von der Drehachse ein Seilzug befestigt.

Das Messprinzip beruht darauf, dass das vom Innenzylinder an die Flüssigkeit übertragene Drehmoment an den Außenzylinder und damit an den oberen Teil des Drehtisches übertragen wird. Dieser würde mit dem Innenzylinder mitrotieren, wird aber davon mit einem Seilzug abgehalten, der an ein auf der Waage stehendes Gewicht befestigt ist. Der Drehtisch zieht am Seil und somit reduziert sich das Gewicht. Die Gewichtabnahme multipliziert mit Erdbeschleunigung und Hebelweg ergibt das Drehmoment des Innenzylinders:

$$T = \Delta M \cdot g \cdot l \tag{4.7}$$

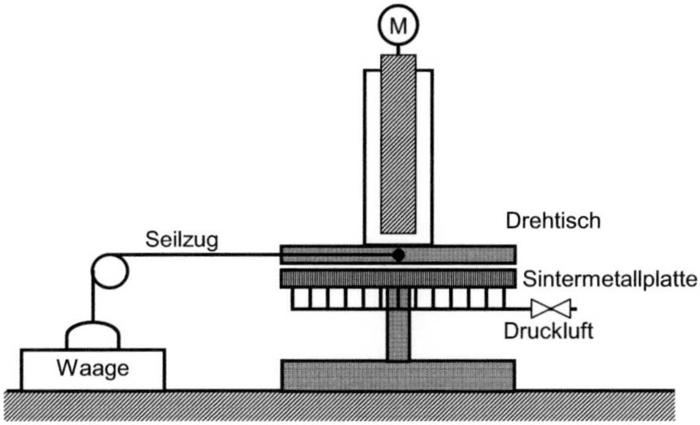

Abb. 4.12. *Luftgelagerter Drehtisch zur Drehmomentmessung*

Die Messungen wurden stets mit zwei verschiedenen Höhen des Flüssigkeitsspiegels durchgeführt, um die Reibung in der Lagerung und die Effekte der freien Flüssigkeitsoberfläche zu eliminieren. Der untere Flüssigkeitsspiegel war 60 mm hoch (inklusive konischen Teils und zuzüglich der unteren axialen Lagerung des Innenzylinders). Das dabei gemessene Drehmoment fasste das Drehmoment für die Reibungsverluste in der Lagerung sowie das Drehmoment des konischen Teils und des 60 mm hohen Teils des Innenzylinders mit freier Oberfläche zusammen. Der Höhenunterschied zum oberen Flüssigkeitsstand betrug 345 mm. Das endgültige Drehmoment wurde anschließend aus der Differenz zwischen den Gewichtabnahmen beim oberen und unteren Flüssigkeitsspiegel berechnet und auf die Füllstanddifferenz von 345 mm bezogen.

4.6. Eigenschaften verwendeter Flüssigkeiten

Alle verwendeten Flüssigkeiten weisen Newtonisches Fließverhalten auf. Die meisten Versuche wurden mit Wasser als Medium durchgeführt. Dafür wurde entweder Leitungswasser verwendet, welches auf 20°C temperiert wurde, oder voll entsalztes Wasser, das zuvor durch einen Ionentauscher gereinigt wurde. Für die Vorbereitung der Farbstofflösungen und für die LIF-Versuche wurde immer VE-Wasser benutzt, da im Leitungswasser enthaltene Substanzen die Fluoreszenz beeinflussen können. Für die Verweilzeitmessungen wurde Leitungswasser verwendet.

Um einen möglichst großen Bereich von Reynoldszahlen abzudecken, wurde die Viskosität der Flüssigkeit in manchen Versuchen zusätzlich variiert. Dafür wurden in PIV-Versuchen und bei den Drehmomentmessungen Glyzerin-Wasser Lösungen verschiedener Zusammensetzung verwendet. Lösungen mit einer Konzentration von 20, 33 und 50 % Gew. wurden aus einer 86% Lösung (Merck KGaA) zubereitet. Die kinematische Viskosität der Wasser-Glyzerin Lösungen verschiedener Konzentrationen wurde in [Shankar & Kumar, 1994] mit großer Genauigkeit gemessen. Dabei ergibt sich die in der Abb. 4.13 präsentierte Abhängigkeit der kinematischen Viskosität von der Konzentration des Glyzerins bei 20°C (für 33% Lösung ist in [Shankar & Kumar, 1994] kein Wert vorhanden, daher wurde dieser Wert durch eine Interpolation der Werte für 30% und 40% mit einem Polynom 2. Grades berechnet). Zusätzlich wurde die Viskosität jeder verwendeten Lösung mit einem Fallkugelviskosimeter bestimmt. Die Ergebnisse dieser Messungen sind auch im Diagramm dargestellt.

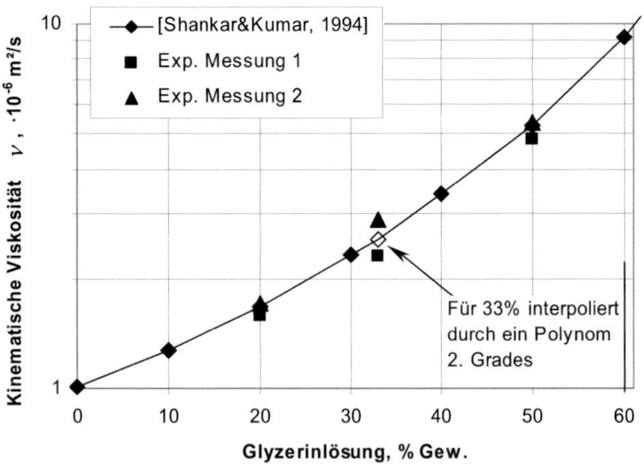

Abb. 4.13. *Kinematische Viskosität einer wässrigen Glyzerin-Lösung bei 20°C*

Für jeden der experimentellen Punkte wurden die Messungen mehrmals wiederholt, sodass ein experimenteller Fehler in der Viskositätsbestimmung ausgeschlossen werden konnte. Daher sind die Abweichungen von Literaturdaten auf die Zubereitung der Lösungen und mögliche Abweichung des Wassergehalts der Basislösung von den angegebenen Werten zurückzuführen. Aus diesem Grund wurden die Viskositäten aller verwendeten Lösungen vor und nach dem Experiment gemessen. Die resultierenden Werte wurde dann gemittelt und zur Berechnung entsprechender Reynoldszahlen und weiterer Parameter benutzt.

In den LIF-Versuchen zum Einfluss der Viskosität auf die Mesovermischung wurden Zuckerlösungen mit verschiedenem Zuckergehalt verwendet. Dazu wurde handelsüblicher Haushaltszucker (Südzucker AG) in Wasser aufgelöst und die Konzentration so gewählt, dass die dynamische Viskosität der resultierenden Lösungen um den Faktor 10, 30 oder 50 höher ist, als die Viskosität des Wassers bei 20°C. Die Abhängigkeit der Viskosität von der Zuckerkonzentration kann mit folgender Gleichung beschrieben werden [Bohuon et al., 1997]:

$$\log_{10}\left(\frac{\mu}{\mu_{Wasser}}\right) = b \cdot m \tag{4.7}$$

Hier sind μ und μ_{Wasser} die dynamische Viskosität der Lösung und des Wassers bei gleicher Temperatur, m die molare Beladung des Wasser [mol Zucker auf kg Wasser], und b der Koeffizient, der die Temperaturabhängigkeit der Viskosität berücksichtigt:

$$b = \frac{291.87\,[K]}{T[K]} - 0{,}5932\left[\frac{\text{kg Wasser}}{\text{mol Zucker}}\right] \tag{4.8}$$

Bei 20°C beträgt der Wert von $b = 0{,}4024$. Für die Berechnung von Reynoldszahlen benötigt man zusätzlich die Dichte der entstehenden Lösung. Die Dichte der Lösung wurde nach Korrelation aus [Bohuon et al., 1997] wie folgt berechnet:

$$\rho = \frac{1 + 0{,}3423 \cdot m[\text{mol Zucker/kg Wasser}]}{(1/C_{Wasser})[\text{m}^3\text{/kg Wasser}]} \tag{4.9}$$

Das spezifische Volumen von den Gemischen ($1/C_{Wasser}$) wurde in [Bohuon et al., 1997] aus den Experimenten durch Anpassung in folgender Form abgeleitet:

$$\frac{1}{C_{Wasser}}\left[\frac{m^3}{kg_{Wasser}}\right] = \frac{1}{\rho_{Wasser}} + a_1 \cdot m + a_2 \cdot m^2 \tag{4.10}$$

Die Parameter a_i nehmen in Abhängigkeit von der Temperatur folgende Werte an:

Tabelle 4.2. *Parameter in Gl. 4.10*

	T = 283,15 K	T = 293,15 K	T = 303,15 K	Einheit
a_1	$2{,}10 \cdot 10^{-4}$	$2{,}11 \cdot 10^{-4}$	$2{,}13 \cdot 10^{-4}$	[m³ Zucker / mol Zucker]
a_2	$7{,}81 \cdot 10^{-7}$	$6{,}70 \cdot 10^{-7}$	$6{,}24 \cdot 10^{-7}$	[m³ Mischung · kg Wasser / mol² Zucker]

Nach den Gleichungen 4.7 und 4.8 wurden die Mengen an Zucker berechnet, die für die Herstellung der Lösungen mit einer Viskosität von $1 \cdot 10^{-2}$ Pa·s, $3 \cdot 10^{-2}$ Pa·s und $5 \cdot 10^{-2}$ Pa·s bei 20°C benötigt wurden:

Tabelle 4.3. *Zuckerbeladung verwendeter Lösungen*

Viskosität bei 20°C	$\mu = 1 \cdot 10^{-2}$ Pa·s	$\mu = 3 \cdot 10^{-2}$ Pa·s	$\mu = 5 \cdot 10^{-2}$ Pa·s
Zucker, g/kg Wasser	850	1256	1445

Die Viskosität dieser sowie der zwei weiteren Lösungen ($\mu = 2 \cdot 10^{-2}$ Pa·s und $\mu = 4 \cdot 10^{-2}$ Pa·s) wurden mit einem Kegel-Platte Torsions-Rheometer (Bohlin CVO100) bei 20°C gemessen. Die Ergebnisse sind in guter Übereinstimmung mit der Korrelation (Gl. 4.7) – s. Abb. 4.14:

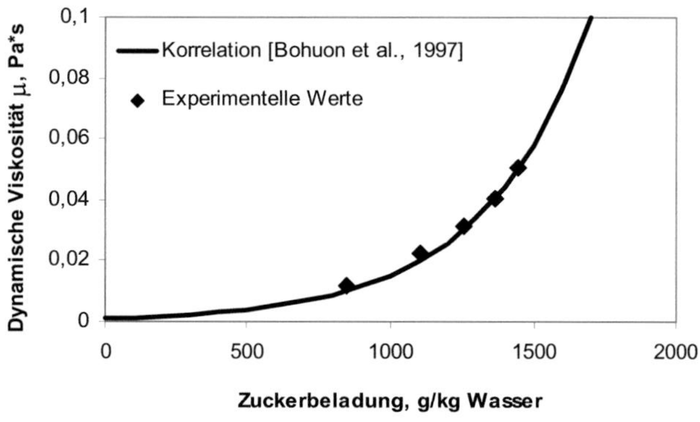

Abb. 4.14. *Dynamische Viskosität der wässrigen Zuckerlösungen bei 20°C*

Die Viskosität einer Zuckerlösung hängt stark von der Temperatur ab. Daher wurde die Temperatur bei jedem Versuch ständig kontrolliert. Sollte die Temperatur im Versuch mehr als 0,2°C von 20°C abweichen, so wurde die Viskosität der Lösung auf die tatsächliche Versuchstemperatur umgerechnet. Zur Berechnung der Reynoldszahlen wurde in diesem Fall die umgerechnete Viskosität verwendet.

5. Energiehaushalt der Taylor-Couette Strömung

5.1. Theorie und Dimensionsanalyse

Wie bereits in Abschnitt 4.4 erwähnt, hängt die Vermischung im Wesentlichen davon ab, wie viel Energie in die Strömung durch die Drehbewegung des Innenzylinders eingetragen wird. Die eingetragene Energie ist gleich der in der Flüssigkeit dissipierten Leistung (vgl. Gl. 4.5):

$$P = \omega \cdot T \tag{5.1}$$

Diese Leistung stellt den Anteil an der Rührmotorleistung dar, der direkt in die Flüssigkeit übergeht, also ohne Reibungsverluste in der Lagerung und im Motor selbst. Je mehr Energie pro Massen- und Zeiteinheit in die Flüssigkeit eingetragen wird, desto schneller entsteht die Kontaktgrenzfläche in dieser Flüssigkeit. Mit Erhöhung des Energieeintrags wird somit auch der molekulare Stofftransport gefördert und die Vermischung beschleunigt.

Bei einer turbulenten Strömung entstehen dabei zunächst große Turbulenzwirbel, die durch die Turbulenzkaskade immer kleiner und energieärmer werden, bis sie die molekulare Diffusion auflöst (s. Abschnitt 2.1). Damit die Turbulenzkaskade einen ausgeprägten Trägheitsbereich aufweist, und somit die Grenze zum Dissipationsbereich sich in Richtung kleinerer Wirbelgrößen verschiebt, müssen die großen Strukturen genügend Energie besitzen, um bei ihrer Aufteilung in die kleineren, diese auch mit Energie versorgen zu können.

Bei laminarer Strömung werden segregierte Bereiche durch Dehnung immer dünner, und somit die Kontaktgrenzfläche zwischen den Fluiden, durch die der molekulare Stofftransport erfolgt, immer größer. Diese Dehnung wird allgemein durch die Erhöhung der mittleren Strömungsgeschwindigkeiten intensiviert.

Somit ist das Drehmoment T des Innenzylinders die entscheidende Größe bei der Beschreibung eines Mischvorgangs. Wenn das Drehmoment als Zielgröße bei der Dimensionsanalyse auftritt, ergibt sich für die Taylor-Couette Strömung folgende Relevanzliste:

$$T = f(\omega, R_i, d, H, \rho, \nu) \tag{5.2}$$

Abgesehen von der Zielgröße T sind noch sechs weitere dimensionsbehafteten Größen für den Vorgang relevant: ein Prozessparameter – die Rotationsgeschwindigkeit des Innenzylinders; drei geometrischen Parameter des Reaktors – Radius des Innenzylinders, Spaltbreite und Länge des Reaktors; und zwei Eigenschaften der Flüssigkeit – Dichte und kinematische Viskosität. Nach einem ähnlichen Vorgang, wie in Abschnitt 3.2 beschrieben, erhält man eine Dimensionsmatrix mit dem Rang 3:

	T	ω	R_i	d	H	ρ	ν
kg	1	0	0	0	0	1	0
m	2	0	1	1	1	-3	2
s	-2	-1	0	0	0	0	-1

(5.3)

Somit existieren vier unabhängige Lösungen für das Gleichungssystem:

$$\frac{T}{\rho \cdot \nu^2 \cdot H}; \quad \frac{\omega \cdot R_i \cdot d}{\nu}; \quad \frac{d}{R_i} \quad \frac{d}{H} \tag{5.4}$$

und man kann das Problem vollständig mit einem Zusammenhang folgender vier dimensionslosen Kennzahlen beschreiben (vgl. Gl. 3.3 a-c):

$$G = \frac{T}{\rho \cdot \nu^2 \cdot H} \tag{5.4 a}$$

$$Re_\phi = \frac{\omega \cdot R_i \cdot d}{\nu} \tag{5.4 b}$$

$$\eta = \frac{R_i}{R_i + d} \tag{5.4 c}$$

$$\Gamma = \frac{H}{d} \tag{5.4 d}$$

Der Zusammenhang zwischen diesen vier Kennzahlen ist wird in Form gesucht:

$$G = a \cdot Re_\phi^\alpha \cdot f\left(\eta^\beta \cdot \Gamma^\gamma\right) \tag{5.5}$$

Hier ist a eine Konstante, die sich aus der Anpassung an die Versuchsergebnisse ergibt. Aus der Dimensionsanalyse würde sich allgemein ein Potenzsatz in der Form $G = a \cdot Re_\phi^\alpha \cdot \eta^\beta \cdot \Gamma^\gamma$ ergeben. Die Potenzen α, β und γ in dieser Gleichung sind jedoch nur über begrenzte Abschnitte der Reynoldszahl konstant. Deswegen wird allgemein nach einer Funktion von η und Γ gesucht, die die Abhängigkeit des dimensionslosen Drehmoments G von der Reaktorgeometrie über größeren Bereich der Reynoldszahlen mit annäherungsweise gleicher Genauigkeit wiedergibt.

Dasselbe Ergebnis bekommt man, wenn als Zielgröße die Dissipationsrate der turbulenten kinetischen Energie genommen wird. In diesem Fall ist die Relevanzliste:

$$\varepsilon = f(\omega, R_i, d, H, \rho, \nu) \tag{5.6}$$

Als dimensionslose Kennzahl ergibt sich in diesem Fall für die Zielgröße die Newton-Zahl *Ne* und das Problem lässt sich auf den klassischen Fall der Dimensionsanalyse, nämlich auf die eingebrachte Leistung als Funktion der Reynoldszahl, reduzieren:

$$Ne = \frac{P}{\rho \cdot \omega^3 \cdot R_i^4 \cdot H} = a \cdot Re_\phi^\alpha \cdot f(\eta^\beta \cdot \Gamma^\gamma) \tag{5.7}$$

5.2. Korrelation zwischen Drehmoment und Drehzahl

Das dimensionslose Drehmoment G lässt sich ohne weiteres in die Newton-Zahl umrechnen, daher werden hier alle Korrelationen in der Form von Gl. 5.5 präsentiert. Es gibt in der Literatur eine ganze Reihe von Korrelationen für das dimensionslose Drehmoment bzw. für die Newton-Zahl in Abhängigkeit von der Reynolds-Zahl und von geometrischen Parametern. Eine gute Übersicht über existierende Korrelationen ist in [Kataoka, 1986] und in [Moore, 1994] zu finden. Alle in der Literatur vorhandenen Korrelationen können in drei Gruppen aufgeteilt werden. Die erste Gruppe stellt die dimensionslosen Drehmomente als Potenzfunktion der Reynolds-Zahl dar [Wendt, 1933], [Bjorklund & Kays, 1959], mit den unterschiedlichen Exponenten unterhalb und oberhalb eines Schwellwertes der Re-Zahl:

$$G \sim f_1(\eta) \cdot Re_\phi^{\alpha_1}, \quad Re_\phi < Re_{\phi,s} \tag{5.8 a}$$

$$G \sim f_2(\eta) \cdot Re_\phi^{\alpha_2}, \quad Re_\phi > Re_{\phi,s} \tag{5.8 b}$$

Der Schwellwert ist in [Wendt, 1933] als $Re_{\phi,s} = 10\,000$ angegeben. In [Lim & Tan, 2004] ist eine Untersuchung zur Potenzfunktion in dieser Form durchgeführt worden. In guter Übereinstimmung mit den Ergebnissen anderer Autoren wird G bis zur kritischen Reynolds-Zahl als Re_ϕ^{1} skaliert, und weiter als $Re_\phi^{1,5}$. Die zweite Gruppe beschreibt das Drehmoment als Überlagerung zweier Potenzfunktionen:

$$G = f_1(\eta) \cdot Re_\phi^{\alpha} + f_2(\eta) \cdot Re_\phi^{-1} \tag{5.9}$$

Der Wert von α variiert zwischen 1 in [Stuart, 1958] und 1,36 in [Donnelly & Simon, 1960]. Die Korrelation Gl. 5.9 ist auf den Bereich der Reynolds-Zahl nah zum kritischen Wert beschränkt. Die dritte Gruppe ist separat präsentiert, weil sie die Potenzfunktion benutzt, in der der Exponent selbst eine Funktion der Re-Zahl darstellt und je nach Reynolds-Zahl zwischen 1,2 und 2 [Lathrop et al., 1992], [Lewis & Swinney, 1999] variiert:

$$G \sim Re_\phi^{\alpha}, \; \alpha = f(Re_\phi) \tag{5.10}$$

Einige Korrelationen sind in Abb. 5.1 präsentiert. Für die Berechnung wurden Parameter des mittleren Innenzylinders benutzt, damit die Korrelationen miteinander verglichen werden können. Als Flüssigkeit wurde Wasser bei 20°C angenommen. Im gleichen Diagramm sind die gemessenen Werte des Drehmoments präsentiert. Die Messungen wurden nach der in Abschnitt 4.5 beschriebenen Methode mit dem mittleren Innenzylinder durchgeführt. Es wurden vier verschiedenen Flüssigkeiten verwendet: Wasser und drei Glyzerin-Lösungen mit Konzentrationen von 20 Gew.%, 33 Gew.% und 50 Gew.%. Die Viskositäten dieser Lösungen betrugen $1{,}72 \cdot 10^{-6}$ m²/s, $2{,}90 \cdot 10^{-6}$ m²/s resp. $5{,}38 \cdot 10^{-6}$ m²/s (diese Werte wurden mit einem Kugelfallviskosimeter bei 20°C bestimmt). Der Reaktor wurde während dieser Messungen ohne axiale Durchströmung betrieben.

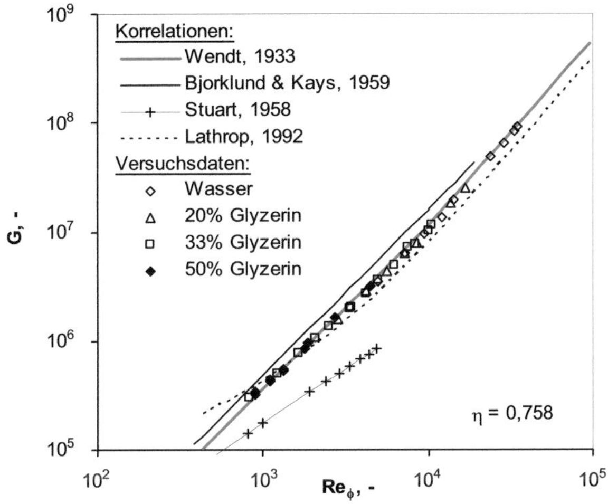

Abb. 5.1. *Korrelationen für dimensionsloses Drehmoment als Funktion der Reynolds-Zahl*

Wie aus dem Diagramm folgt, liefert die Korrelation von Wendt die beste Übereinstimmung mit den Versuchsdaten. Der mittlere relative Fehler, mit dem die Korrelation die Messpunkte beschreibt, beträgt 6,75%. Eine weitere Anpassung der Koeffizienten und Exponenten in der Korrelation hat den Fehler auf 2,85% reduziert. Die Korrelationsgleichung von Wendt mit an die Messpunkte angepassten Koeffizienten sieht wie folgt aus:

$$G = 2{,}13 \cdot \frac{\eta^{3/2}}{(1-\eta)^{7/4}} \cdot Re_\phi^{1{,}445} \qquad 800 < Re_\phi < 10^4 \qquad (5.11\ \text{a})$$

$$G = 0{,}113 \cdot \frac{\eta^{3/2}}{(1-\eta)^{7/4}} \cdot Re_\phi^{1{,}764} \qquad 10^4 < Re_\phi < 3{,}4 \cdot 10^4 \qquad (5.11\ \text{b})$$

Nachdem die Korrelationsgleichungen an die Versuchsergebnisse angepasst wurden, wurden weitere Versuche mit zwei anderen Innenzylindern durchgeführt. Die Ergebnisse für alle drei Zylindergrößen sind in Abb. 5.2 zusammen mit den theoretisch nach Gl. 5.11 berechneten Werten dargestellt.

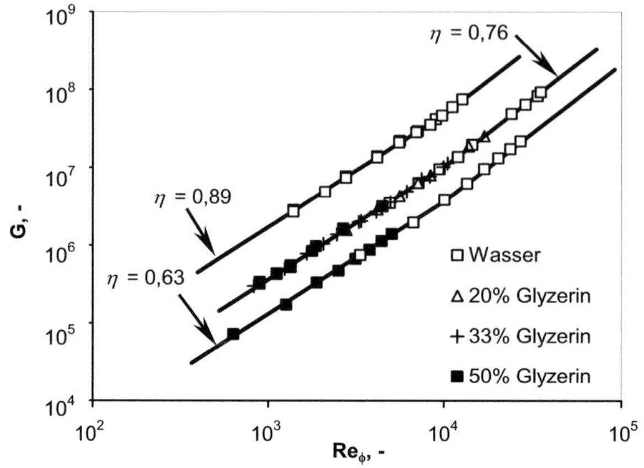

Abb. 5.2. *Experimentelle dimensionslose Drehmomente und Korrelation nach Gl. 5.11.*

Die Korrelation 5.11 wurden nicht an die Ergebnisse für Zylindergrößen $\eta = 0{,}89$ und $\eta = 0{,}63$ angepasst. Der relative mittlere Fehler für diese Messreihen hat jedoch die gleiche Größenordnung und beträgt 2,83% für den größeren Innenzylinder und 3,41% für den kleineren Innenzylinder. Die relativen Fehler sind für jeden Messpunkt in Abb. 5.3 gezeigt.

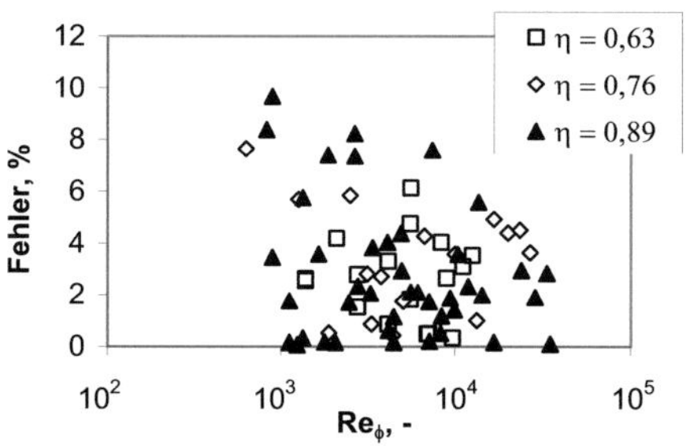

Abb. 5.3. *Abweichung (in %) der gemessenen Werte des Drehmoments von den theoretisch berechneten (Wasser)*

Es soll erwähnt werden, dass der Exponent 1,445 in der Gl. 5.11a in guter Übereinstimmung mit dem von Batchelor in seinem Appendix zu [Donnelly & Simon, 1960] theoretisch vorhergesagten Wert von 1,5 für die Reynolds-Zahlen nah zur kritischen Reynolds-Zahl liegt. Eine weitere Bemerkung betrifft die Ergebnisse der Dimensionsanalyse aus dem Abschnitt 5.1. Die Funktion in Gl. 5.5 beinhaltet noch eine in der Korrelation nicht benutzte Kennzahl des Reaktors Γ. Die Abhängigkeit des Drehmoments von der entdimensionierten Reaktorlänge konnte mit dem vorhandenen Versuchsaufbau nicht untersucht werden, da die Länge aller drei Zylinder gleich war, und somit gab es keine Möglichkeit, die Kennzahlen Γ und η getrennt voneinander zu variieren. Es wurde eine Versuchsreihe mit dem mittleren Innenzylinder durchgeführt, bei der die Messungen des Drehmoments bei zwei verschiedenen oberen Füllstandswerten gemacht wurden: bei Höhendifferenzen von 34,5 cm und 27,5 cm zum unteren Flüssigkeitsspiegel. Die aus diesen Versuchen berechneten dimensionslosen Drehmomente waren bei gleichen Reynoldszahlen identisch. Es konnte keine systematische Abhängigkeit vom Füllstand festgestellt werden. Es ist jedoch unklar, ob eine solche Abhängigkeit nicht existiert, oder ob sie aufgrund der nicht ausreichenden Messgenauigkeit nicht zu erkennen war.

5.3. Energiedissipationsrate und mittlere Mikromischzeit

Wird aus dem dimensionslosen Drehmoment G die Leistung P berechnet, so kann die Dissipationsrate der kinetischen turbulenten Energie bestimmt werden. Ein Vergleich der Gl. 4.5 mit Gl. 5.4a ergibt folgenden Ansatz für die Berechnung:

$$\varepsilon = \frac{G \cdot \nu^2 \cdot \omega}{\pi \cdot d \cdot (R_a + R_i)} \tag{5.12}$$

Hier ist G nach Gl. 5.11 berechnet. Mit dieser Gleichung 5.12 wird die Dissipationsrate für alle Reynolds-Zahlen bestimmt. Die Werte der Dissipationsrate sind in Abb. 5.4 präsentiert. Die Berechnung wurde für alle drei Zylindergrößen gemacht, jeweils für zwei verschiedene Viskositäten: $\nu = 1 \cdot 10^{-5}$ m²/s und $\nu = 1 \cdot 10^{-6}$ m²/s. Die Dissipationsrate nimmt dabei Werte von $1 \cdot 10^{-3}$ bis $1 \cdot 10^{1}$ W/kg an.

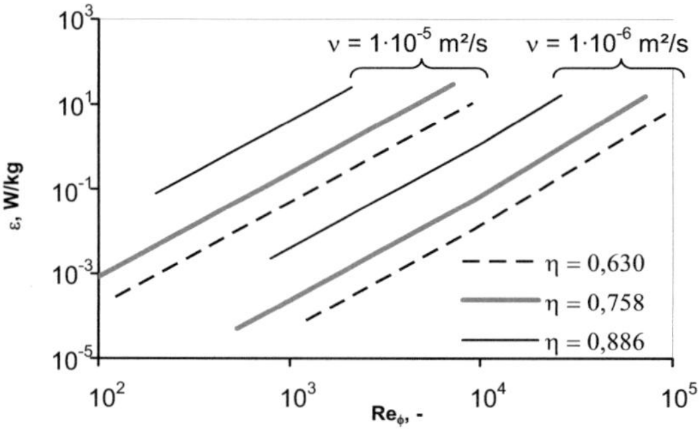

Abb. 5.4. *Energiedissipationsrate als Funktion der Reynolds-Zahl.*

Die Mikrovermischungsintensität ist direkt von der in der Flüssigkeit dissipierten Leistung abhängig. Ist also die Energiedissipationsrate bekannt, kann auch die Mikromischzeit berechnet werden (s. Abschnitt 2.2):

$$t_\mu = \sqrt{\frac{\nu}{\varepsilon}} \tag{5.13}$$

Diese Mikromischzeiten sind über das Flüssigkeitsvolumen gemittelt. Die Werte der mittleren Mikromischzeiten für alle drei Innenzylinder bei einer Viskosität von $\nu = 1 \cdot 10^{-6}$ m²/s sind der Abb. 5.5 zu entnehmen.

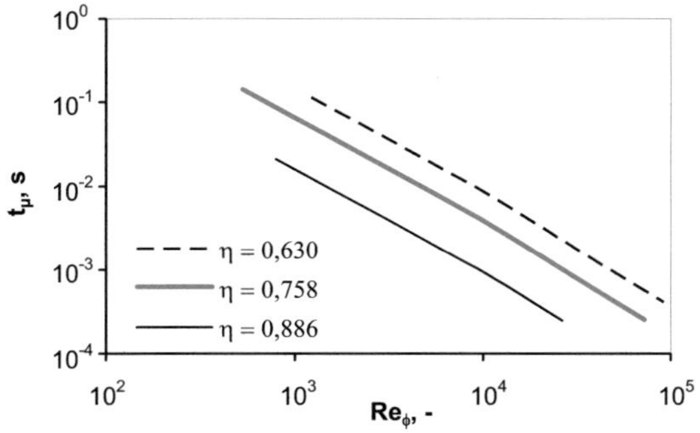

Abb. 5.5. *Mittlere Mikromischzeiten als Funktion der Reynolds-Zahl für Wasser ($\nu = 1 \cdot 10^{-6}$ m²/s)*

Die mittleren Mikromischzeiten haben die Größenordnung von 10^{-4} bis 10^{-1} s. Diese Größenordnung ist in guter Übereinstimmung mit den vorhandenen Literaturdaten aus [Liu & Lee, 1999] für den gleichen Reynoldszahlbereich.

Die lokalen Werte der Mikromischzeiten können jedoch um einige Größenordnungen höher oder niedriger sein, je nach dem, welchen Wert die lokale Turbulenzintensität hat. Daher ist zusätzlich zu den in diesem Kapitel ermittelten Mittelwerten die Verteilung der lokalen Mikromischzeiten für die Mischbedingungen von Bedeutung. Die Turbulenzintensität ist laut Gl. 2.1 von den lokalen Werten der Schwankungsgeschwindigkeiten abhängig. Im nächsten Kapitel werden die Messungen von lokalen Geschwindigkeiten präsentiert, die eine Berechnung der lokalen Mikromischzeiten ermöglichen.

6. Strömungsgeschwindigkeiten und lokale Mischintensität

6.1. Geschwindigkeitsvektorfelder und Strömungsstruktur

Die Ergebnisse aus Kapitel 5 lassen die gesamte Energiemenge, die für Vermischung zur Verfügung steht, ausgehend aus den Prozessparametern berechnen. Die nächste Frage, die geklärt werden soll, ist die Verteilung dieser Energie in der Strömung. Eine der grundlegenden Annahmen über die Taylor-Couette Strömung sagt die gleichmäßige Verteilung der Mischintensität voraus. Dies würde jedoch bedeuten, dass in jedem Fluidelement pro Zeiteinheit eine gleiche Menge an Energie dissipiert würde. Somit würde auch überall die gleiche Turbulenzintensität herrschen. Die lokalen Turbulenzintensitäten können aber allein aufgrund der unterschiedlichen lokalen Strömungsgeschwindigkeiten in der Mitte und am Rand jeder Wirbelzelle unmöglich den gleichen Wert besitzen. Im folgenden Kapitel werden Untersuchungen zur Strömungsstruktur und zur Verteilung der lokalen Mischintensität präsentiert.

Zur Untersuchung der Strömungsstruktur und zur Ermittlung der lokalen Strömungsgeschwindigkeiten wurde die 2D-PIV Methode benutzt (s. Abschnitt 4.2). Es wurden Experimente mit allen drei Innenzylindern durchgeführt, um den Einfluss der Geometrie auf die Strömungsstruktur zu untersuchen. Die Anwendung verschiedener Flüssigkeiten (Wasser und Glyzerin-Wasser Gemische mit Viskositäten von $\nu = 1 \cdot 10^{-6}$ bis $5 \cdot 10^{-6}$ m²/s – die Zusammensetzung und Eigenschaften der verwendeten Gemische s. Abschnitt 4.6) ermöglichte es, alle im Reaktor auftretende Strömungsregimes zu untersuchen (s. Abschnitt 4.1). Der Reaktor wurde mit der Flüssigkeit gefüllt, die Drehzahl des Innenzylinders eingestellt und nach der Einstellung des entsprechenden Strömungsregimes (in der Regel nach einer Wartezeit von ca. 15-20 min) wurden die PIV-Aufnahmen der Strömung gemacht. Zunächst wurden Experimente ohne axialen Durchfluss durchgeführt. Daraus konnten die zeitlich gemittelten Geschwindigkeitsvektorfelder bei verschiedenen Reynoldszahlen ermittelt werden. Darauf folgten die Versuche mit axialem Volumenstrom, welche die Strömungsstruktur einer Taylor-Couette Strömung mit überlagerter axialer Strömung ermitteln ließen, vor allem die Driftgeschwindigkeit der Wirbelzellen. Die letzteren Versuche werden im Kapitel 7 diskutiert.

Bei den Versuchen ohne axialen Volumenstrom wurden für jeden Betriebspunkt (eine Drehzahl bei bestimmter Zylindergröße und Flüssigkeit) 200 Doppelbilder aufgenommen. Das Zeitintervall zwischen den einzelnen Bildern im Paar wurde jeweils nach den im Abschnitt 4.2 ausgearbeiteten Regeln an die Versuchsbedingungen angepasst. Die Doppelbilder wurden anschließend mit der Software *FlowManager 4.0*, die zusammen mit dem Messsystem von

Dantec Dynamics mitgeliefert wurde, ausgewertet. Aus jedem Aufnahmenpaar resultierte somit ein Geschwindigkeitsvektorfeld, welches momentane lokale Geschwindigkeiten in der Strömung aufzeigt. Solche momentane Geschwindigkeitsfelder sind in der Abb. 6.1 für einige Reynoldszahlen dargestellt. Weitere Geschwindigkeitsvektorfelder sind dem Anhang A zu entnehmen. Eine vollständige Auflistung aller Versuche ist ebenfalls in Anhang A in Tabelle A.1 gegeben.

$10\ \text{mm} = u_i$

R_a ← • R_i R_a ← • R_i R_a ← • R_i R_a ← • R_i R_a ← • R_i

a) $Re_\phi = 2380$ b) $Re_\phi = 6103$ c) $Re_\phi = 9154$ d) $Re_\phi = 12205$ e) $Re_\phi = 18308$

Abb. 6.1. *Momentane Geschwindigkeitsvektorfelder ($\eta = 0{,}63$, Wasser)*
10 mm langer Vektor (in Abbildungsskala) entspricht der Oberflächengeschwindigkeit des Innenzylinders

Aus den Vektorfeldern ist zu erkennen, dass die Strömung bei allen Drehzahlen eine klare Wirbelstruktur aufweist. Die Wirbelzellen sind beinah quadratischen Querschnitts und vor allem bei niedrigen Drehzahlen sehr regelmäßig in der Form. Bei Erhöhung der Drehzahl treten in der Strömung erste Turbulenzen auf, die sich durch Störungen in der laminaren Strömungsstruktur auszeichnen. Je höher die Drehzahl, desto unregelmäßiger wird die Strömung, bis die Wirbelzellen in der Strömung fast nicht mehr zu erkennen sind. Dies bedeutet aber lediglich, dass die Turbulenzintensität vergleichbar mit der Intensität der Wirbelströmung geworden ist. Die Strömungsstruktur bleibt dabei generell unverändert. Solche Erkenntnisse folgen aus der zeitlichen Mittelung der lokalen Geschwindigkeiten. Abb. 6.2 zeigt einige von den über 200 Aufnahmen gemittelten Vektorfeldern. Jeder Vektor steht für einen lokalen zeitlich gemittelten Geschwindigkeitswert. Sollte an einer beliebigen Stelle momentan eine turbulente Schwankung auftreten, so wird sie durch weitere Mittelung mit anderen Aufnahmen eliminiert. Es wird aus der Abbildung sichtbar, dass die Wirbelstruktur sogar in der voll entwickelten turbulenten Strömung erhalten bleibt. Auch für das Wellenregime ergibt sich aus der zeitlichen Mittelung ein ähnliches Vektorfeld mit regelmäßiger Wirbelstruktur.

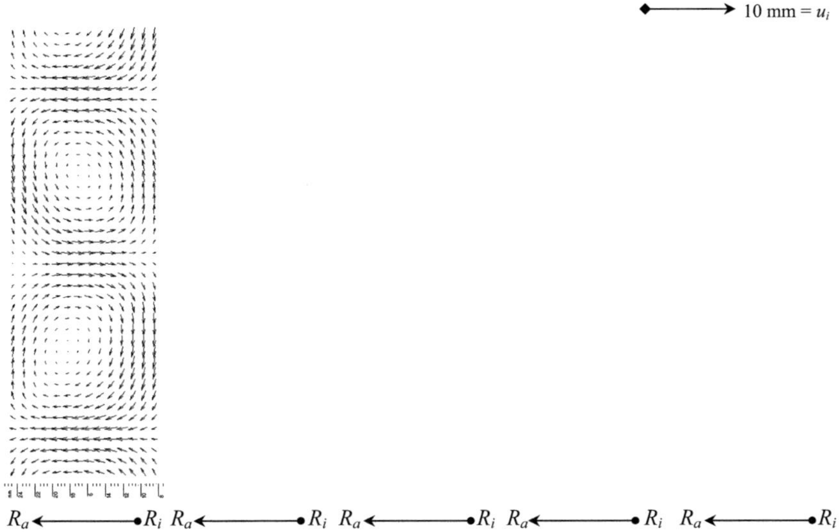

a) $Re_\phi = 2380$ b) $Re_\phi = 6103$ c) $Re_\phi = 9154$ d) $Re_\phi = 12205$ e) $Re_\phi = 18308$

Abb. 6.2. *Zeitlich gemittelte Geschwindigkeitsvektorfelder (η = 0,63, Wasser)*
10 mm langer Vektor (in Abbildungsskala) entspricht der Oberflächengeschwindigkeit des Innenzylinders

Die turbulenten Schwankungen können visualisiert werden, indem aus jedem lokalen momentanen Geschwindigkeitswert der entsprechende Mittelwert abgezogen wird. In Anhang A sind neben den gemittelten Vektorfeldern einige Beispiele für Vektorfelder der turbulenten Schwankungen präsentiert. Aus den Abbildungen ist zu sehen, dass die Turbulenzintensität in den Gebieten in der Mitte der Wirbelzellen viel schwächer ist, als am Rand der Wirbelzellen. Am höchsten ist die Turbulenzintensität an der Grenze zwischen zwei Wirbelzellen, wo auch die Strömungsgeschwindigkeiten am schnellsten sind.

Aus den Vektorfeldern können die einzelnen Geschwindigkeitskomponenten für axiale und radiale Richtung extrahiert werden. Abb. 6.3 und 6.4 präsentieren die Verteilung der axialen und radialen Geschwindigkeiten im Spalt zwischen den Zylindern für verschiedene Drehzahlen ohne axialen Durchfluss. Es ist zu erkennen, dass die Verteilung der radialen Geschwindigkeiten nicht symmetrisch ist, sodass die Geschwindigkeiten in die Richtung weg von

Innenzylinder (positive Werte) größer sind, als in die umgekehrte Richtung. Axiale Geschwindigkeiten sind dagegen symmetrisch in der Strömung verteilt.

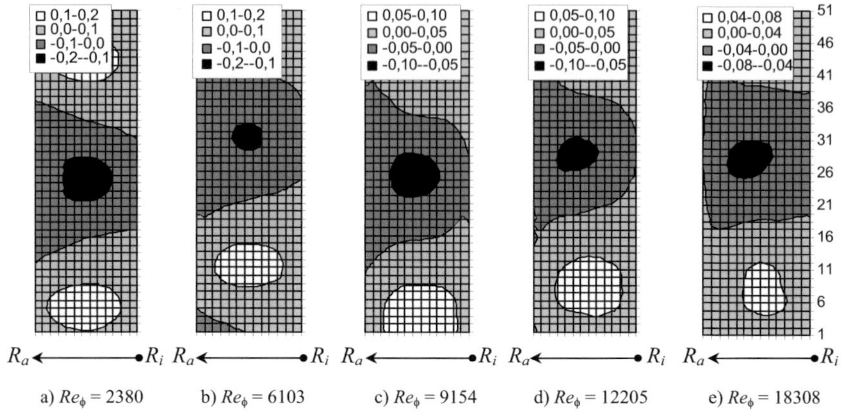

Abb. 6.3. *Zeitlich gemittelte radiale Geschwindigkeiten (η = 0,63, Wasser) Geschwindigkeitswerte sind durch die jeweiligen Oberflächengeschwindigkeiten des Innenzylinders dividiert*

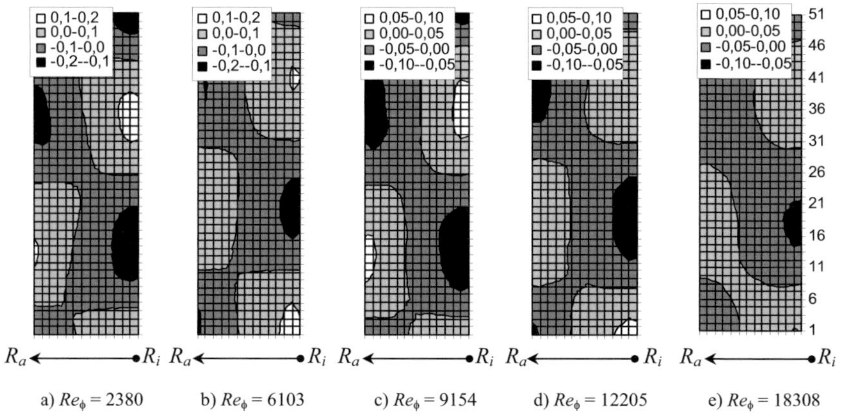

Abb. 6.4. *Zeitlich gemittelte axiale Geschwindigkeiten (η = 0,63, Wasser) Geschwindigkeitswerte sind durch die jeweiligen Oberflächengeschwindigkeiten des Innenzylinders dividiert*

Im Gegensatz zu einer Couette-Strömung, die nur aus tangentialer Komponente besteht, weisen die Geschwindigkeiten in der Wirbelströmung drei Komponenten auf: jeder lokale Geschwindigkeitsvektor besteht aus radialem, tangentialem und axialem Anteil. Durch die 2D Messtechnik sind die tangentialen Geschwindigkeitskomponenten nicht zugänglich. In der Literatur gibt es Hinweise zur Berechnung der tangentialen Geschwindigkeit. An der Oberfläche des Innenzylinders gleicht sie dessen Oberflächengeschwindigkeit und an der Oberfläche des Außenzylinders ist sie gleich Null (klassische no-slip Bedingungen). Dazwischen ist das Geschwindigkeitsprofil bei reiner Couette Strömung linear. Mit dem Umschlag zur Wirbelströmung ändert sich auch das Geschwindigkeitsprofil, welches in der Mitte des Spaltes immer flacher wird. Bei voll entwickelter turbulenter Strömung wird angenommen, dass die tangentiale Geschwindigkeit überall im Spalt gleich der Hälfte der Oberflächengeschwindigkeit des Innenzylinders ist, bis auf die dünnen Grenzschichten neben den Zylinderwänden an beiden Seiten [Wereley & Lueptow, 1994]. Es existieren analytische Gleichungen zur Berechnung aller drei Geschwindigkeitskomponenten, die jedoch zunächst eine Anpassung an die experimentell gemessenen Werte benötigen [Davey, 1962]. Es wird in dieser Arbeit davon ausgegangen, dass die Strömung in tangentialer Richtung axialsymmetrisch sei. Für weitere Auskünfte über die Werte der tangentialen Geschwindigkeit wird auf die oben genannten Literaturquellen verwiesen.

Somit sind aus den PIV-Aufnahmen momentane lokale Werte der Strömungsgeschwindigkeiten in zwei Koordinatenrichtungen berechenbar. Wie in folgenden Kapiteln gezeigt wird, können aus diesen Ergebnissen die lokalen Schwankungsgeschwindigkeiten, und daraus die lokalen Werte der Dissipationsrate von turbulenter kinetischer Energie in der Flüssigkeit berechnet werden.

6.2. Berechnung der lokalen Energiedissipation

Die PIV-Methode ermöglicht es, lokale Geschwindigkeiten der Strömung momentan und zeitlich gemittelt zu bestimmen. Die Differenz zwischen einem momentanen und einem mittleren Wert der lokalen Geschwindigkeit ergibt eine lokale Fluktuation (Schwankung) der Geschwindigkeit, die aufgrund der Turbulenz zustande kommt. Solche turbulente Schwankungen tragen im Wesentlichen zur Mikrovermischung bei. Sie sind für die Entstehung kleinster turbulenter Wirbel verantwortlich, welche die letzten Inhomogenitäten in der Konzentration ausgleichen. Die kinetische Energie, die in diesen kleinsten Wirbeln noch vorhanden ist, wird am Ende in Wärme dissipiert.

Aus der Bilanzgleichung für die kinetische Energie turbulenter Strömungen kann man die Gleichung für die Energie turbulenter Schwankungen ableiten (die so genannte *k*-Gleichung, [Schlichting & Gersten, 2000]). Diese enthält unter anderem den Term für die turbulente Energiedissipationsrate ε (s. auch Abschnitt 2.1):

$$\bar{\varepsilon} = \nu \cdot \left\{ \begin{array}{l} 2\cdot\overline{\left(\frac{\partial u_r'}{\partial r}\right)^2} + 2\cdot\overline{\left(\frac{\partial u_z'}{\partial z}\right)^2} + 2\cdot\overline{\left(\frac{\partial u_\phi'}{\partial \phi}\right)^2} + \\ + \overline{\left(\frac{\partial u_r'}{\partial z} + \frac{\partial u_z'}{\partial r}\right)^2} + \overline{\left(\frac{\partial u_\phi'}{\partial r} + \frac{\partial u_r'}{\partial \phi}\right)^2} + \overline{\left(\frac{\partial u_\phi'}{\partial z} + \frac{\partial u_z'}{\partial \phi}\right)^2} \end{array} \right\} \qquad (6.1)$$

Hier sind r, z und ϕ die drei Koordinatenrichtungen und u_r, u_z und u_ϕ die dazugehörigen Geschwindigkeitskomponenten. u_r', u_z' und u_ϕ' stehen für die Schwankungsgeschwindigkeiten, d.h. die Differenz zwischen der momentanen lokalen Geschwindigkeit und der mittleren Geschwindigkeit $\bar{u}_r, \bar{u}_z, \bar{u}_\phi$ an der entsprechenden Stelle. Geschwindigkeitswerte und Gradienten der Geschwindigkeitsschwankungen werden hier lokal über der Zeit gemittelt. So steht $\bar{\varepsilon}$ für einen lokalen zeitlich gemittelten Wert der Energiedissipationsrate. Alle globalen Mittelwerte (über das gesamte Volumen) werden im Folgenden ohne spezielle Zeichen geschrieben, wie z.B. der integrale Mittelwert der Energiedissipationsrate:

$$\varepsilon = \frac{1}{V}\cdot\int_0^V \bar{\varepsilon}\cdot dV \qquad (6.2)$$

Da die PIV Aufnahmen allerdings nur zwei Koordinatenrichtungen repräsentieren, sind aus den 12 Termen der Gleichung 6.1 nur 5 zugänglich. Man kann die dritte Komponente aus den zwei vorhandenen ableiten. Hierzu wird die in [Sharp et al., 2000] vorgeschlagene Methode verwendet. Die grundlegende Annahme ist, dass die Turbulenz statistisch isotrop in der Strömung verteilt sei. Das bedeutet, dass die lokale Turbulenzintensität in zeitlichem Durchschnitt in allen drei Koordinatenrichtungen gleich ist. Daher kann man die unbekannten Terme durch vorhandene wie folgt ausdrücken:

$$\overline{\left(\frac{\partial u'_\phi}{\partial \phi}\right)^2} = \frac{1}{2}\cdot\left(\overline{\left(\frac{\partial u'_r}{\partial r}\right)^2} + \overline{\left(\frac{\partial u'_z}{\partial z}\right)^2}\right) \tag{6.3a}$$

$$\overline{\left(\frac{\partial u'_r}{\partial \phi}\right)^2} = \overline{\left(\frac{\partial u'_\phi}{\partial r}\right)^2} = \overline{\left(\frac{\partial u'_z}{\partial \phi}\right)^2} = \overline{\left(\frac{\partial u'_\phi}{\partial z}\right)^2} = \frac{1}{2}\cdot\left(\overline{\left(\frac{\partial u'_r}{\partial z}\right)^2} + \overline{\left(\frac{\partial u'_z}{\partial r}\right)^2}\right) \tag{6.3b}$$

$$\overline{\frac{\partial u'_r}{\partial \phi}\cdot\frac{\partial u'_\phi}{\partial r}} = \overline{\frac{\partial u'_z}{\partial \phi}\cdot\frac{\partial u'_\phi}{\partial z}} = -\frac{1}{4}\cdot\left(\overline{\left(\frac{\partial u'_r}{\partial r}\right)^2} + \overline{\left(\frac{\partial u'_z}{\partial z}\right)^2}\right) \tag{6.3c}$$

Somit kann die Energiedissipationsrate durch Gradienten der Geschwindigkeitsschwankungen in zwei Koordinatenrichtungen aus den PIV-Aufnahmen ermittelt werden:

$$\overline{\varepsilon} = \nu\cdot\left\{2\cdot\overline{\left(\frac{\partial u'_r}{\partial r}\right)^2} + 2\cdot\overline{\left(\frac{\partial u'_z}{\partial z}\right)^2} + 3\cdot\overline{\left(\frac{\partial u'_r}{\partial z}\right)^2} + 3\cdot\overline{\left(\frac{\partial u'_z}{\partial r}\right)^2} + 2\cdot\overline{\frac{\partial u'_r}{\partial z}\cdot\frac{\partial u'_z}{\partial r}}\right\} \tag{6.4}$$

Die Berechnungssequenz für die lokalen zeitlich gemittelten Dissipationsraten ist wie folgt: aus den bei jedem Versuch berechneten 200 Vektorfeldern wird zunächst ein zeitlich gemitteltes Vektorfeld und daraus die Vektorfelder der Geschwindigkeitsschwankungen berechnet. An jeder Stelle werden die benötigten momentanen lokalen Gradienten der Geschwindigkeitsschwankungen ermittelt, die in die Gleichung 6.4 eingehen. Diese lokalen Werte werden über die Zeit gemittelt, und entsprechend der Gleichung 6.4 aufsummiert. Somit entsteht eine Verteilung der Dissipationsraten in der Strömung.

Die Annahme isotroper Turbulenz kann überprüft werden, indem man die Verhältnisse verschiedener Gradienten der Schwankungsgeschwindigkeiten zueinander betrachtet. Die lokalen Gradienten der Schwankungsgeschwindigkeiten sind ein Indikator für die Turbulenzintensität. Wenn die Turbulenz tatsächlich isotrop ist, sollen die Gradienten in allen drei Richtungen im zeitlichen Durchschnitt gleich und somit deren Verhältnisse zueinander gleich 1 sein [Sharp et al., 2000]:

$$\overline{\left(\frac{\partial u'_r}{\partial r}\right)^2} \Big/ \overline{\left(\frac{\partial u'_z}{\partial z}\right)^2} = 1 \qquad (6.5a)$$

$$\overline{\left(\frac{\partial u'_r}{\partial z}\right)^2} \Big/ \overline{\left(\frac{\partial u'_z}{\partial r}\right)^2} = 1 \qquad (6.5b)$$

$$\frac{1}{2} \cdot \overline{\left(\frac{\partial u'_r}{\partial z}\right)^2} \Big/ \overline{\left(\frac{\partial u'_r}{\partial r}\right)^2} = 1 \qquad (6.5c)$$

$$\frac{1}{2} \cdot \overline{\left(\frac{\partial u'_z}{\partial r}\right)^2} \Big/ \overline{\left(\frac{\partial u'_r}{\partial r}\right)^2} = 1 \qquad (6.5d)$$

In Tabelle 6.1 sind einige Werte von den über das gesamte Aufnahmefeld gemittelten Verhältnissen 6.5 a – d präsentiert. Die Werte sind in guter Übereinstimmung mit der Annahme, sodass Gleichungen 6.3 a – c ohne großen Fehler für die Berechnung der unbekannten Terme in der Gleichung 6.1 verwendet werden.

Tabelle 6.1. *Verhältnisse der Gradienten von Schwankungsgeschwindigkeiten nach Gl. 6.5.*

$\eta = 0{,}758$		$\eta = 0{,}758$		$\eta = 0{,}63$		$\eta = 0{,}63$	
Re_ϕ	(6.5 a)	Re_ϕ	(6.5 c)	Re_ϕ	(6.5 a)	Re_ϕ	(6.5 b)
2881	0,913	2517	0,921	2380	0,873	1181	0,811
5283	0,977	4195	0,862	3051	0,881	1549	0,957
11526	0,952	5874	0,881	6103	0,932	1904	0,880
16808	0,959	8391	0,901	9154	0,892	2539	0,953
24012	0,911	10349	0,954	12205	0,915	3390	0,860
		13006	0,953	15256	0,872		
				18308	0,903		

Bei der Auswertung der PIV-Bilder können verschiedene örtliche Auflösungen verwendet werden. Bei genauerer Betrachtung der Gleichung 6.4 kommt man zum Schluss, dass die örtliche Auflösung bei der Bildauswertung eine wichtige Größe für die lokalen Werte der Energiedissipation darstellt. Da die Gleichung für ε die örtlichen Gradienten der Schwankungsgeschwindigkeiten enthält, ist die örtliche Auflösung von entscheidender Bedeutung. Wird die gleiche Aufnahme mit verschiedenen Auflösungen ausgewertet, stellen sich unterschiedliche Werte für die Energiedissipation heraus. Je nach verwendeter Auflösung können die Werte der Energiedissipation um bis zu zwei Größenordnungen auseinander liegen. Um die Energiedissipationsrate richtig berechnen zu können, müsste die örtliche Auflösung in der Größenordnung der Kolmogorov-Wirbelgröße sein. Ist die Auflösung grob, so wird der erfasste Anteil der Energiedissipation gering, weil die feinen Turbulenzstrukturen in der Strömung nicht aufgelöst werden. Diese feine Auflösung ist aber messtechnisch nicht immer erreichbar. Es existieren jedoch Methoden, die es ermöglichen, den erfassten Anteil an der Energiedissipation bei einer bestimmten Auflösung zu berechnen, und damit auf die richtigen Werte der Mikromischzeit zu schließen. Allerdings benötigt man dazu die mittlere Energiedissipationsrate oder die mittlere Kolmogorov-Wirbelgröße als Bezugsgröße. Das bedeutet, dass erst eine Referenz-Messung zur Energiedissipation durchgeführt werden muss. Ohne eine solche Referenz-Messung kann aus den PIV-Daten nur eine relative Verteilung der Energiedissipationsrate und folglich auch der Mischzeiten in der Strömung abgeleitet werden, aber nicht deren absolute Werte. Als Referenzwerte dienen die Energiedissipationsraten aus den Drehmomentmessungen (Gl. 5.12). Der integrale Mittelwert der Energiedissipation im ganzen Fluidvolumen nach Gleichung 6.2 sollte dem aus der Drehmomentmessung berechneten Wert entsprechen.

Beim verwendeten Messsystem ist die örtliche Auflösung durch die Optik limitiert. Deswegen mussten die nicht erfassten Anteile an Energiedissipation aus den vorhandenen Daten ermittelt werden. Im folgenden Abschnitt wird eine einfache Methode vorgestellt, die es ermöglicht, die Werte der Energiedissipation in der Strömung ausgehend aus den PIV-Experimenten und den gemessenen Drehmomenten des Innenzylinders abzuschätzen. Diese Methode ist ausführlich in [Racina & Kind, 2006] präsentiert.

6.3. Energiespektrum und Problem der örtlichen Auflösung

Bei zu grober örtlicher Auflösung sind die kleinsten Turbulenzwirbel nicht sichtbar. Die Schwankungsbewegungen dieser Wirbel werden in einem Mittelwert der lokalen Geschwindigkeit zusammengefasst. Die in ihnen enthaltene kinetische Energie wird somit experimentell gar nicht erfasst, und folglich wird der berechnete Energiewert zu niedrig. Es existieren mehrere Methoden wie z.B. Large-Eddy Simulation, die es ermöglichen, den nicht aufgelösten sog. Subgrid-Anteil der Energie zu modellieren [Baldyga & Bourne, 1999], [Sharp & Adrian, 2001]. Die Berechnung des nicht aufgelösten Energieanteils ist aber bei bekannter Gesamtdissipation aus der Turbulenztheorie möglich.

Die Theorie der Turbulenzkaskade lässt den Energiegehalt der Wirbel von jeder Größe vorausberechnen, wenn die gesamte Energiedissipationsrate ε bekannt ist. Üblicherweise wird die Energiekaskade in der Form eines Energiespektrums $E(k)$ dargestellt: $E(k)\cdot dk$ ist die kinetische Energie der Wirbel mit den Wellenzahlen von k bis k+dk, wobei die Größe des Wirbels $\lambda = k^{-1}$ ist. Es existiert immer eine kleinstmögliche Wellenzahl, die den größten in der Strömung vorhandenen Turbulenzstrukturen entspricht. Diese großen energiereichen Strukturen zerfallen entsprechend der Turbulenzkaskade in immer kleinere. Da aber diese auch noch relativ groß im Vergleich zur Kolmogorov-Wirbelgröße sind, sind die Trägheitskräfte in den Wirbeln stärker als die viskosen Reibungskräfte, und deswegen findet dabei keine Energiedissipation statt. Den entsprechenden Bereich der Energiekaskade nennt man Trägheitsbereich. Erst wenn die Turbulenzwirbel die Größenordnung der Kolmogorov-Wirbelgröße unterschreiten, werden sie durch Reibung in den Fluidschichten abgebremst und die darin enthaltene kinetische Energie durch Reibung dissipiert. Die Abnahme der Energie erfolgt im dissipativen Bereich der Energiekaskade. Die Form des Energiespektrums im Trägheitsbereich, die von Kolmogorov [Kolmogorov, 1941 a, b] aus der Dimensionsanalyse theoretisch vorhergesagt und später experimentell bestätigt wurde, sieht wie folgt aus:

$$E(k) = \alpha \cdot \varepsilon^{2/3} \cdot k^{-5/3} \tag{6.6}$$

Dieses Gesetz gilt für alle Strömungen mit voll entwickelter Turbulenz. Weitere Variationen betreffen hauptsächlich die Form der Bereiche von großen Wirbeln ganz am Anfang des Spektrums sowie den dissipativen Bereich. Viele Formeln hierfür können in der Literatur gefunden werden, darunter die grundlegenden Arbeiten von Corrsin und Pao [Corrsin, 1964], [Pao, 1965] oder die Untersuchungen von Lin und Helland [Lin, 1972], [Helland et al., 1977].

Eine Formel, die das Energiespektrum sowohl für hohe als auch für niedrige Wellenzahlen wiedergibt, ist in [Helland et al., 1977] zu finden:

$$E(k) = \nu^{3/2} \cdot \varepsilon^{1/2} \cdot \alpha \cdot \left(\frac{\Lambda}{\lambda_K}\right)^{5/3} \cdot (k \cdot \Lambda)^4 \cdot \left[1 + (k \cdot \Lambda)^2\right]^{-17/6} \cdot \exp\left[-\frac{3\beta}{2} \cdot (k \cdot \lambda_K)^{4/3}\right] \quad (6.6)$$

Hier sind α = 1,6 und β Modellkonstanten. Λ ist die charakteristische Länge der größten in der Strömung entstehenden Turbulenzwirbel. Als diese Länge wurde die Spaltbreite des Reaktors angenommen. Laut allgemeiner Turbulenztheorie setzt sich die gesamte Energiemenge, die in der Strömung dissipiert wird, aus der Energie der einzelnen Turbulenzwirbeln verschiedener Größe wie folgt zusammen [Baldyga & Bourne, 1999]:

$$\varepsilon = 2 \cdot \nu \cdot \int_0^\infty k^2 \cdot E(k) \cdot dk \quad (6.7)$$

Diese Gesamtdissipation ist andererseits aus den Referenzmessungen von den Drehmomenten bekannt. Wenn man die Formel für das Turbulenzspektrum (Gl. 6.6) in die Gleichung für die gesamte Energiedissipationsrate (Gl. 6.7) einsetzt, kann daraus der Wert von β berechnet werden. Aus dem Gesamtwert der Energiedissipation wird auch die mittlere Kolmogorov-Wirbelgröße berechnet. Mit den erhaltenen Werten kann das komplette Energiespektrum der Strömung berechnet werden. Abb. 6.5 zeigt ein Beispiel für das berechnete Energiespektrum bei einem Dissipationswert von ε = 1 W/kg.

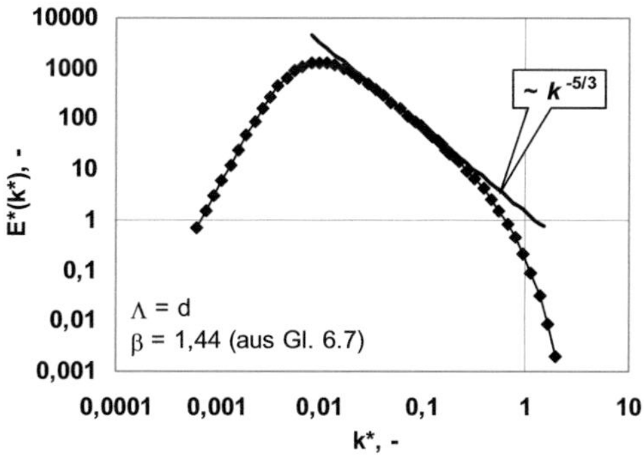

Abb. 6.5. *Energiespektrum einer Strömung (nach Gl. 6.6) mit einem Dissipationswert von 1 W/kg. Entdimensionierung:* $E^*(k^*) = E(k) / (\nu^{0,5} \cdot \varepsilon^{0,5} \cdot \lambda_K)$; $k^* = k / k_K = k \cdot \lambda_K$

Wird Gleichung 6.7 nun von Null bis zu einem bestimmten k-Wert integriert, erhält man den Anteil an Energie, die in allen Wirbeln unterhalb dieser Wellenzahl dissipiert wird. Wenn die örtliche Auflösung nach unten limitiert ist (d.h. die Wellenzahl ist nach oben limitiert), kann man auf diese Weise den erfassten Dissipationsanteil vorhersagen und somit den nicht erfassten Anteil berechnen. Der erfasste Anteil steigt mit der Wellenzahl, sodass bei $k \approx k_K$ (alle Wirbel mit den Abmessungen größer oder gleich der Kolmogorov-Wirbelgröße) der größte Teil an Energiedissipation aufgelöst ist. In der Abb. 6.6a ist die Summenverteilung der Energiedissipation zwischen den Wirbeln verschiedener Größe dargestellt. Diese wurde durch Integration des Spektrums aus Abb. 6.5 nach Gl. 6.7 von 0 bis zu jeweiligen Werten von k^* berechnet. Abb. 6.6b zeigt die Verteilungsdichte der Energiedissipation über den Wellenzahlen. Aus beiden Verteilungen folgt, dass bei der Wellenzahl, die der Kolmogorov-Wirbelgröße entspricht, 97% der Energie erfasst wird. Um die gesamte Energie zu erfassen, wird eine Integration bis zur Wellenzahl von $2 \cdot k_K$ benötigt, das entspricht einer örtlichen Auflösung von $0{,}5 \cdot \lambda_K$.

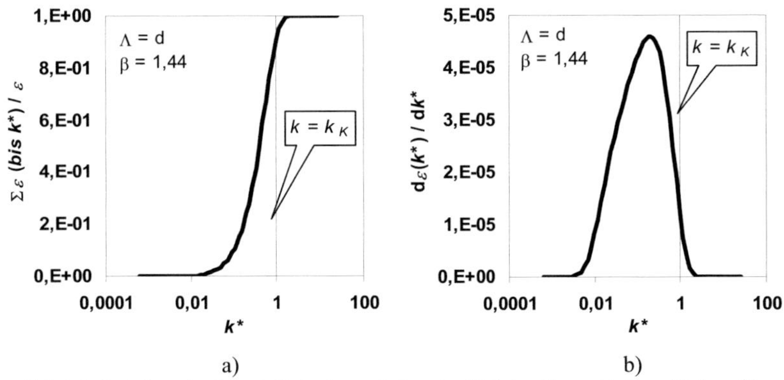

Abb. 6.6. *Verteilung der Energiedissipation zwischen den Wirbeln mit verschiedenen Wellenzahlen a) Summenverteilung; b) Verteilungsdichte*

Entsprechend dieser Theorie wurde die Summenverteilung der Energiedissipation zwischen den Wellenzahlen für alle Versuche vorausberechnet. Die gleichen PIV-Versuche wurden mit verschiedener örtlicher Auflösung ausgewertet. Je feiner die verwendete Auflösung, desto größer waren die über die Aufnahmen gemittelten Gesamtwerte der Energiedissipation. Leider war die notwendige Auflösung unterhalb der Kolmogorov-Wirbelgröße nur in einigen wenigen Versuchen erreicht. Deswegen waren alle berechneten Dissipationswerte kleiner, als die aus den Referenzmessungen vorhergesagten Werte. Abb. 6.7 zeigt einen Vergleich zwischen den Dissipationswerten, die bei verschiedenen örtlichen Auflösungen aus PIV-Versuchen errechnet wurden, mit denen aus den Energiespektren durch Integration der Gleichung 6.7 bis zur entsprechenden Wellenzahl vorausberechneten. Der Vergleich ist für zwei

Versuchspunkte gezeigt: η = 0,758 bei Re_ϕ = 2881 und 2680 ($\nu = 1 \cdot 10^{-6}$ m²/s bzw. $5{,}4 \cdot 10^{-6}$ m²/s). Die Berechnung der Energiedissipation aus den Versuchen erfolgte bei den Auflösungen von Δx = 0,2, 0,4, 0,8 und 1,6 mm. Die theoretische Verteilung wurde bei den jeweiligen Werten der Energiedissipation von 0,003 W/kg bzw. 0,447 W/kg berechnet. In der Abbildung ist nur die letztere Verteilung gezeigt, da beide in entdimensionierter Form (bezogen auf den theoretischen Gesamtwert) fast zusammenfallen. Die Theorie ist in guter Übereinstimmung mit den experimentell erhaltenen Werten.

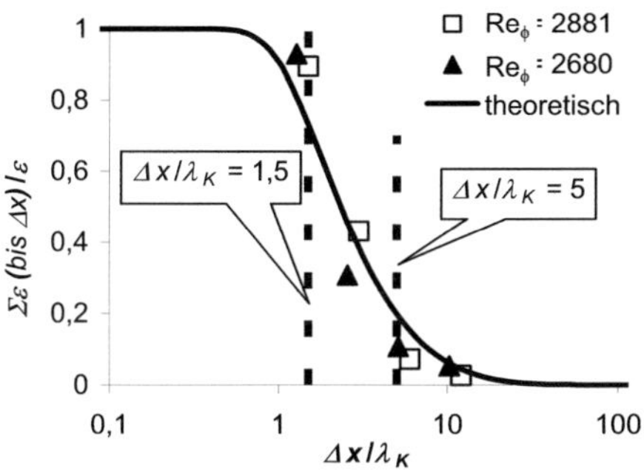

Abb. 6.7. *Anteil an der Energiedissipationsrate, erfasst bei verschiedenen örtlichen Auflösungen Theoretische Funktion nach Gl. 6.6 mit $\Lambda = d$ und $\beta = 1{,}42$ (aus Gl. 6.7 berechnet)*

Wenn die Gesamtwerte der Energiedissipation bei zu grober örtlicher Auflösung nicht korrekt erfasst werden, ist auch davon auszugehen, dass die lokalen zeitlich gemittelten Werte fehlerbehaftet sind. Die Verteilung der Dissipationsraten in der Strömung ist offensichtlich nicht ideal gleichmäßig, da die lokalen Geschwindigkeiten an verschiedenen Stellen unterschiedlich sind. Diese Verteilung kann als Wahrscheinlichkeitsdichtefunktion $f(\varepsilon)$ dargestellt werden, wo $f(\varepsilon)\cdot\Delta\varepsilon$ dem Anteil an Flüssigkeitsvolumen entspricht, in dem die Dissipationsrate die Werte von ε bis $\varepsilon+\Delta\varepsilon$ annimmt. Folgende Annahme betrifft die Wahrscheinlichkeitsdichtefunktion der Dissipationsrate: die bei verschiedenen örtlichen Auflösungen erhaltenen Wahrscheinlichkeitsdichtefunktion können nach einer Skalierungsregel ineinander überführt werden. Dies bedeutet, dass die Form der Wahrscheinlichkeitsdichtefunktion von der verwendeten örtlichen Auflösung unabhängig ist, und deswegen kann die Skalierungsregel, die für die Mittelwerte der Energiedissipationsrate gilt, auch für die Umrechnung von Wahrscheinlichkeitsdichtefunktionen benutzt werden.

Da die lokalen Geschwindigkeiten in den Bereichen mit höherer Turbulenzintensität keine extrem hohen Spitzenwerte aufweisen, kann davon ausgegangen werden, dass die Spitzenwerte der Energiedissipation sich auch nicht um Größenordungen von den mittleren Werten unterscheiden. Darauf basiert die zur Berechnung der lokalen Energiedissipationswerten ausgearbeitete Skalierungsregel. Die Summenverteilung in Abb. 6.7 kann auf dem Abschnitt zwischen $\Delta x/\lambda_K = 1{,}5$ und $\Delta x/\lambda_K = 5$ durch eine Gerade in gegebenen Koordinaten $\varepsilon \sim \ln(\Delta x)$ approximiert werden. Nachdem die Steigung a dieser Gerade bekannt ist (dazu werden entweder die theoretisch berechnete Summenverteilung oder zwei experimentelle Punkte aus dem Intervall $\Delta x/\lambda_K = 1{,}5 - 5$ benötigt), kann eine solche Gerade durch einen beliebigen Versuchspunkt aus diesem Intervall der Δx-Werten gezogen werden. Nach der Extrapolation wird die Auflösung Δx^* ermittelt, bei der die gesamte Energiedissipation ihren richtigen Wert annimmt. Jetzt können auch aus den lokalen zeitlich gemittelten Werten der Energiedissipation dementsprechend ihre richtigen Werte ausgerechnet werden:

$$\varepsilon^* = \varepsilon(\Delta x) + a \cdot \ln\left(\frac{\Delta x}{\Delta x^*}\right) \tag{6.8}$$

Die experimentellen Verteilungen der Energiedissipationsrate wurden nach dieser Methode umgerechnet, sodass der jeweilige Mittelwert dem Referenzwert aus den Drehmomentmessungen entspricht. Die Umrechnung ist in der Abb. 6.8 für zwei Versuchspunkte illustriert. Der Vergleich zwischen den Wahrscheinlichkeitsdichtefunktionen bei zwei verschiedenen örtlichen Auflösungen zeigt eine sehr gute Übereinstimmung dieser Funktionen, die beide auf die richtigen Werte umgerechnet worden waren. So konnte jede experimentelle Verteilung der Energiedissipationsrate umgerechnet werden.

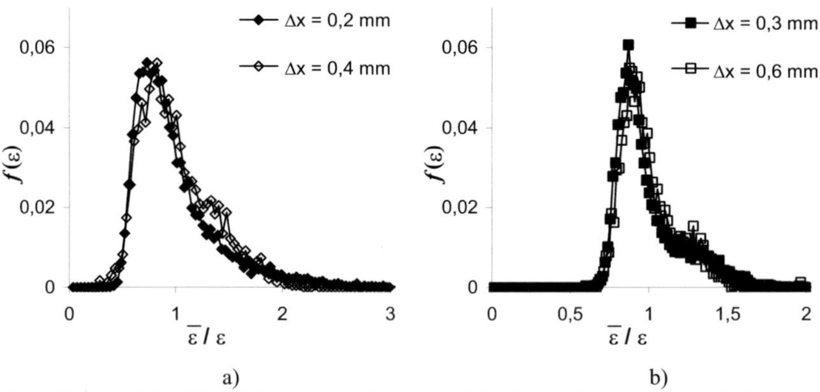

Abb. 6.8. *Wahrscheinlichkeitsdichtefunktionen der Energiedissipationsrate bei zwei örtlichen Auflösungen: a) $\eta = 0{,}76$ $Re_\phi = 11526$ ($\nu = 1\ 10^{-6}$ m²/s); b) $\eta = 0{,}63$ $Re_\phi = 11572$ ($\nu = 1{,}5\ 10^{-6}$ m²/s)*

6.4. Verteilung der lokalen Mikromischzeiten

Nachdem die Methode zur Umrechnung der Energiedissipation aus den PIV-Experimenten vorgestellt wurde, war es möglich, die Verteilung der Mikromischintensität in der Strömung zu berechnen. Die Kolmogorov-Zeitskala, die hier als Mikromischzeit angenommen wurde, kann aus der Viskosität der Flüssigkeit und der Energiedissipationsrate berechnet werden:

$$\overline{t_\mu} = \sqrt{\nu/\overline{\varepsilon}} \tag{6.9}$$

Die Verteilungen der lokalen zeitlich gemittelten Werte der Mikromischzeiten in der Strömung (bezogen auf die jeweiligen Mittelwerte $\overline{t_\mu}$) sind in Abb. 6.9 präsentiert.

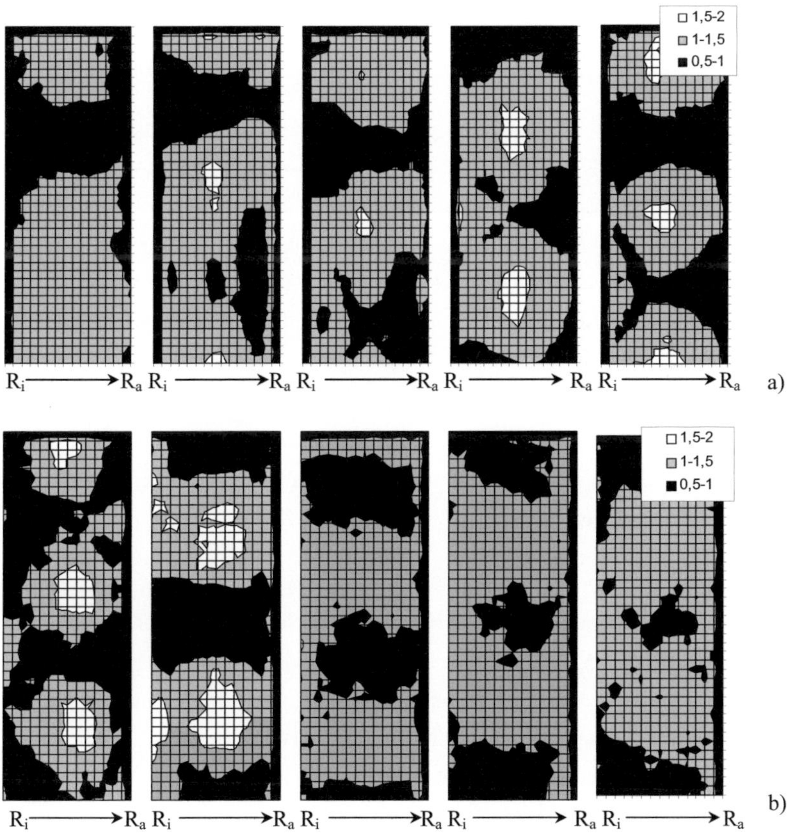

Abb. 6.9. *Legende s. nächste Seite*

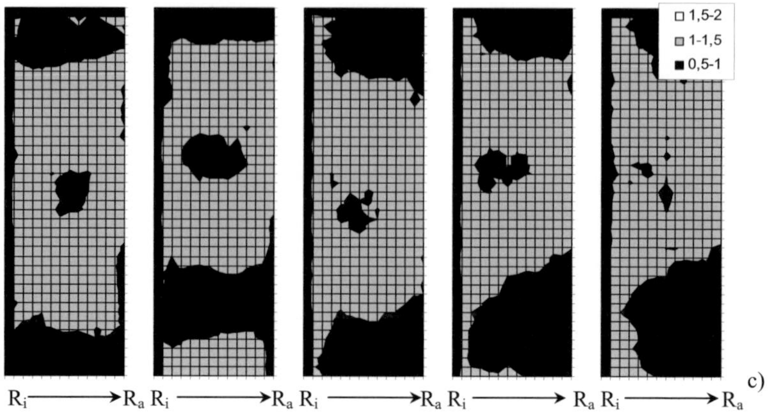

Abb. 6.9. *Verteilung der Mikromischzeiten in der Strömung (bezogen auf die jeweiligen Mittelwerte):*
a) $\eta = 0.76$; $\nu = 5 \cdot 10^{-6}$ m²/s; $Re_\phi = 357; 893; 1340; 1787; 2680;$
b) $\eta = 0.76$ $\nu = 1 \cdot 10^{-6}$ m²/s; $Re_\phi = 2881; 5283; 11526; 16808; 24012;$
c) $\eta = 0.63$; $\nu = 1 \cdot 10^{-6}$ m²/s; $Re_\phi = 3051; 6103; 9154; 12205; 18308$

Wenn man nun diese Verteilungen mit den entsprechenden Geschwindigkeitsvektorfeldern vergleicht, können folgende Beobachtungen gemacht werden. Es gibt Gebiete in der Strömung, in denen sowohl die lokalen Strömungsgeschwindigkeiten als auch die Turbulenzintensitäten hoch sind. Dort ist die Mikromischintensität größer und die Mikromischzeiten daher kürzer. Solche Gebiete befinden sich an der Grenze zwischen zwei Wirbelzellen und auch dort, wo die Strömung in radialer Richtung an der Oberfläche des Außenzylinders aufprallt. Im Gegensatz dazu haben die Bereiche in der Mitte der Wirbelzelle niedrigere lokale Geschwindigkeiten und somit längere Mikromischzeiten. Mit der steigenden Drehzahl wird die Verteilung der Mikromischzeiten jedoch immer gleichmäßiger, sodass bei voll turbulenter Strömung die Annahme über die gleichmäßige Verteilung der Mikromischintensität in der Strömung gerechtfertigt ist.

Dies kann auch wie folgt aufgezeigt werden: Abb. 6.10 präsentiert die Summenverteilung der Mikromischzeiten im Flüssigkeitsvolumen. Die Ordinate bedeutet den Anteil an Volumen der Flüssigkeit, in dem die Mikromischzeiten nicht größer als der entsprechende Abszissenwert sind. Alle Mikromischzeiten wurden durch die jeweiligen Mittelwerte (integral über das gesamte Flüssigkeitsvolumen) geteilt, damit verschiedene Fälle miteinander verglichen werden können. Aus dem Diagramm ist zu sehen, dass mit steigender Reynoldszahl die Summenverteilung immer steiler wird und sich immer weiter an die ideale gleichmäßige Verteilung annähert. Diese ist durch eine durchgezogene Linie gezeigt.

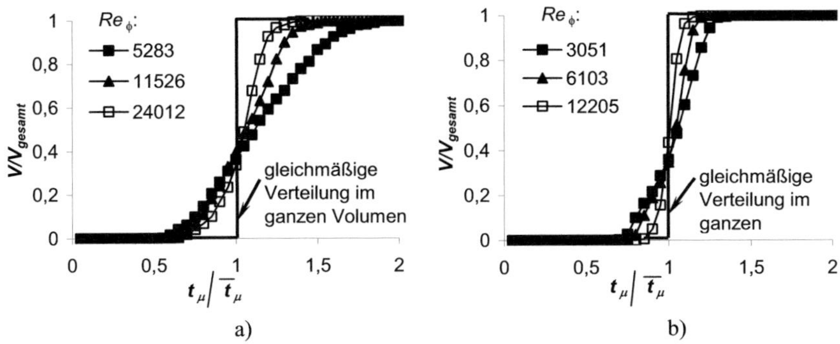

Abb. 6.10. *Summenverteilung der Mikromischzeiten im Flüssigkeitsvolumen: a) $\eta = 0.76$ $\nu = 1 \cdot 10^{-6}$ m²/s; b) $\eta = 0.63$; $\nu = 1 \cdot 10^{-6}$ m²/s*

7. Makrovermischung zwischen benachbarten Wirbeln

7.1. Modell der Strömung und axialer Dispersionskoeffizient

Makrovermischung als Vermischung zwischen benachbarten Wirbelzellen wurde mit Hilfe der Verweilzeitmessungen untersucht (s. Abschnitt 4.4). Jedes Experiment wurde bei 20°C mit einem jeweils konstanten Volumenstrom von Wasser durch den Reaktor durchgeführt. Alle untersuchten Betriebsparameter sind in der Tabelle 7.1 zusammengefasst.

Tabelle 7.1. Versuche zur Makrovermischung

Geometrie	Axialer Volumenstrom $\dot{V}_{ax}$, l/h	Volumenstrom Tracerlösung, % von $\dot{V}_{ax}$	Re_{ax} (Gl. 3.7)	$Re_{\phi,krit}$ (Gl. 3.5, 3.10)	Untersuchter Bereich der Reynoldszahlen $Re_{\phi} / Re_{\phi,krit}$
Kleiner Innenzylinder	7,5	3,3	16,2	76,9	79 – 198
	19,6	2,6	41,5	82,6	37 – 185
	31,6	2,4	68,5	93,0	33 – 164
	43,1	2,3	91,2	104,3	29 – 146
	54,9	1,8	119,0	120,4	25 – 127
Mittlerer Innenzylinder	7,5	3,3	15,1	89,6	27 – 134
	19,6	2,6	39,4	96,8	25 – 124
	31,6	2,4	63,6	109,1	22 – 110
	43,1	2,3	86,6	124,2	19 – 97
	54,9	1,8	110,3	142,0	17 – 85
Großer Innenzylinder	7,5	3,3	14,0	126,4	10 – 52
	19,6	2,6	36,8	136,6	10 – 48
	31,6	2,4	59,1	153,7	9 – 43
	43,1	2,3	80,9	175,1	15 – 38
	54,9	1,8	102,9	200,1	13 – 33

Der Strömung wurde am Eintritt eine stufenförmige Störung (zusätzlicher Volumenstrom aus wässriger Tracer-Lösung) überlagert und die Antwortfunktion auf diese Störung am Ausgang gemessen. Der Tracer-Volumenstrom wurde relativ zur Hauptströmung klein gehalten, sodass die Strömungsstruktur durch die Tracerzugabe nicht beeinflusst wurde. Um aus den gemessenen Antwortfunktionen die Parameter der Makrovermischung zu ermitteln, wurde die Strömung mit einem Modell approximiert und die Modellparameter an die Versuchsergebnisse angepasst.

Die Strömung in Taylor-Couette Reaktor wurde in mehreren Literaturquellen mit Hilfe des Modells axialer Rückvermischung beschrieben [Croockewit et al., 1955], [Tam & Swinney, 1987], [Enokida et al., 1989], [Pudjiono et al., 1992], [Moore & Cooney, 1995]. Die Strömung wird dabei analog zu einer Rohrströmung als ideal quervermischt betrachtet, und die

Vermischung in axialer Richtung wird mit einem axialen Dispersionskoeffizienten berücksichtigt. Die Modellgleichung dazu lautet wie folgt:

$$\frac{\partial C}{\partial t} = D_{ax} \cdot \frac{\partial^2 C}{\partial x^2} - u_{ax} \cdot \frac{\partial C}{\partial x} \tag{7.1}$$

Hier ist D_{ax} der Dispersionskoeffizient [m²/s] und u_{ax} – Geschwindigkeit der Strömung in axialer Richtung mit Koordinate x. Diese Beschreibung entspricht bei einer Taylor-Couette Strömung nicht ganz der tatsächlichen Strömungsstruktur, die im Gegensatz zu einer Rohrströmung keine Kontinuität entlang der Strömungsrichtung aufweist. Deswegen kann das Modell der axialen Dispersion nicht direkt angewendet werden. Die Anwesenheit der Wirbelzellen setzt eine Diskretisierung des Modells voraus, indem die Strömung in einzelne ideal vermischte Bereiche mit der Größe einer Wirbelzelle aufgeteilt wird, zwischen denen ein Massenaustausch mittels Dispersion stattfindet, während die Wirbelzellen selbst sich mit der axialen Geschwindigkeit stromabwärts bewegen. Eine räumlich diskretisierte Form des Modells zeigt die Konzentration in einem Fluidelement j wie folgt auf:

$$\frac{\partial C_j}{\partial t} = D_{ax} \cdot \frac{C_{j-1} - 2C_j + C_{j+1}}{d^2} - u_{ax} \cdot \frac{C_j - C_{j-1}}{d} \tag{7.2}$$

Hier ist d – Länge einer Wirbelzelle, die gleich der Spaltbreite zwischen den Zylindern angenommen wird. Dies ist somit eine Variation des Zellenmodells mit Rückvermischung, bei dem die Anzahl an Zellen N durch die Strömungsstruktur festgelegt ist [Kafarov & Glebov, 1991]. Im Modell bleibt aus den zwei Parametern f und N, die sonst angepasst werden sollen, nur einer variabel – der Anteil an Rückvermischung f. In Abb. 7.1 ist die Strömungsstruktur nach dem Zellenmodell schematisch dargestellt.

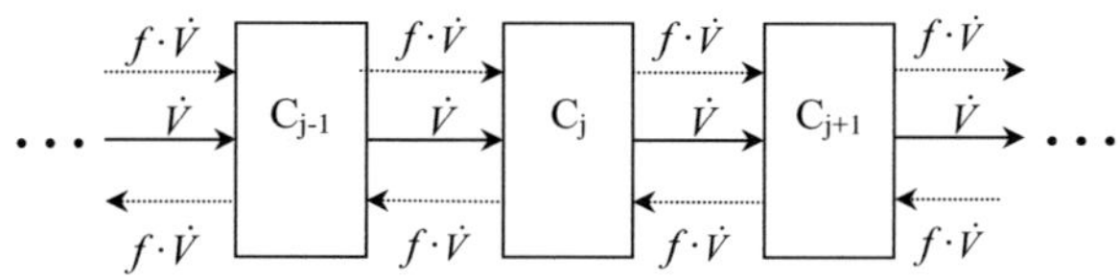

Abb. 7.1. *Zellenmodell mit Rückvermischung*

Die Gleichung für die Konzentration in einer beliebigen Zelle j sieht wie folgt aus:

$$\frac{\partial C_j}{\partial t} = \frac{1}{t_V} \cdot \left[(1+f) \cdot C_{j-1} + f \cdot C_{j+1} - (1+2f) \cdot C_j \right] \tag{7.3}$$

t_V ist hier die volumenbezogene Verweilzeit der Strömung in einer Wirbelzelle, die sich aus dem axialen Volumenstrom und dem Zellenvolumen berechnen lässt. Wenn man diese Gleichung nun mit der Gleichung 7.2 vergleicht, wird der Zusammenhang zwischen dem Dispersionskoeffizienten und dem Anteil an Rückvermischung sichtbar:

$$D_{ax} = \frac{f \cdot d^2}{t_V} \tag{7.4}$$

Aus den Messergebnissen wurde zunächst der Parameter f durch die Anpassung des Zellenmodells an die Messdaten ermittelt. Aus der Antwortfunktion $F(t)$ muss dafür eine Verteilungsfunktion $C(t)$ der Verweilzeit berechnet werden. Der Zusammenhang zwischen der Antwortfunktion und der Verteilung der Verweilzeit sieht analog zur Umrechnung einer Summenverteilung in eine Wahrscheinlichkeitsdichteverteilung wie folgt aus:

$$C(t) = \frac{dF(t)}{dt} \tag{7.5}$$

Aus dieser Funktion wird das zweite zentrale Moment ausgerechnet, welches die Varianz der Verweilzeit bezüglich der mittleren Verweilzeit darstellt:

$$\sigma_\theta^2 = \frac{1}{\bar{t}^2} \cdot \int_0^\infty (t - \bar{t})^2 \cdot C(t) \cdot dt \tag{7.6}$$

Der Zusammenhang zwischen der Varianz und den Modellparametern sieht für das Zellenmodell mit Rückvermischung wie folgt aus [Kafarov & Glebov, 1991]:

$$\sigma_\theta^2 = \frac{1+x}{N \cdot (1-x)} - \frac{2x \cdot \left(1 - x^N\right)}{N^2 \cdot (1-x)^2} \tag{7.7 a}$$

$$\text{mit } x = \frac{f}{1+f} \tag{7.7 b}$$

Da die Zellenanzahl N durch den quadratischen Querschnitt der Wirbelzellen eindeutig definiert ist, kann aus dieser Gleichung der Parameter f direkt berechnet werden. Mit Hilfe der Gleichung 7.4 wird daraus letztendlich der Dispersionskoeffizient D_{ax} berechnet, der die Makrovermischung zwischen den Wirbelzellen charakterisiert.

7.2. Korrelation zwischen Dispersionskoeffizienten und Prozessparametern

Eine typische Reihe von Antwortfunktionen, die aus den Verweilzeitmessungen stammt, ist in Abb. 7.2 dargestellt. Die abgebildete Versuchsreihe ist bei einem Axial-Volumenstrom von 19,6 l/h mit dem mittleren Innerzylinder η = 0,758 (s. Tab. 4.1) durchgeführt worden. Die Signalintensität der spektroskopischen Messungen ändert sich je nach Konzentration des Tracers, deswegen sind die Antwortfunktionen auf die jeweiligen Endwerte normiert.

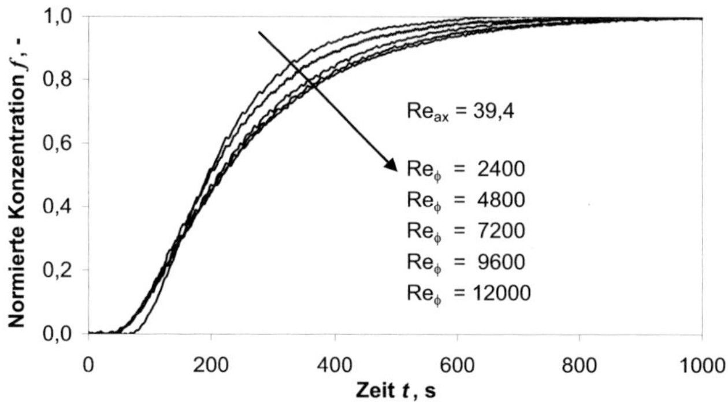

Abb. 7.2. *Normierte Antwortfunktionen auf eine stufenförmige Störung*

Wie erwartet, wird die Verteilung der Verweilzeiten im Reaktor mit steigender Drehzahl immer breiter, was auf einen höheren Wert der aus den Versuchsdaten berechneten Varianz deutet. Die axialen Dispersionskoeffizienten werden dementsprechend auch immer größer. Es ist zu erwarten, dass die Makrovermischung vom Strömungsregime abhängig ist.

Um den Einfluss verschiedener Betriebsparameter auf die axiale Dispersion zu klären, wurden Versuchsreihen mit allen drei Zylindergrößen bei fünf axialen Volumenströmen von 7,5 l/h bis 55 l/h und Drehzahlen von 50 bis 250 min^{-1} durchgeführt. Die Messungen decken somit eine breite Variation von Betriebsparametern ab. Alle Versuchspunkte sind in der Abb. 7.3 in einem Parameterfeld zwischen axialer und Rotations-Reynoldszahl aufgetragen (s. auch Tab. 7.1). Die Rotations-Reynoldszahl ist auf die kritischen Werte für jede Zylindergröße bezogen, die von der axialen Reynoldszahl abhängig sind. Dazu sind die Grenzen zwischen den Strömungsregimes gezeigt, die aus [Lueptow et al., 1992] übertragen worden sind. Die beiden Autorengruppen [Lueptow et al., 1992] sowie [Tsameret & Steinberg, 1994] sind in der Meinung einig, dass im Reynoldszahlen-Bereich, in welchem die Versuche durchgeführt wurden, die Spiralströmung (Regime 1 im Diagramm) nicht mehr beobachtet wird. Bei höheren Drehzahlen kommt die Wellenströmung zustande (Regime 2), die bei weiterer Erhöhung der Drehzahl in turbulente Taylor-Wirbel übergeht (Regime 3). Die meisten Versuche mit kleinem und mittlerem Innenzylinder sind somit in der turbulenten Strömung durchgeführt worden, die Strömung bei großem Innenzylinder weist dagegen in den meisten Versuchen das Wellenregime auf.

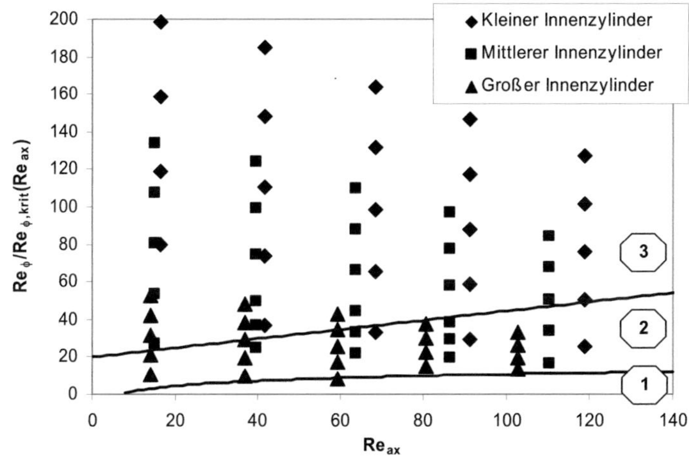

Abb. 7.3. *Durchgeführte Experimente und dazugehörige Strömungsregimes: 1 – Spiralströmung, 2 – Wellenströmung, 3 – turbulente Wirbel*

Die Analyse der Versuchsergebnisse wurde zunächst getrennt für beide Strömungsregimes 2 und 3 durchgeführt. Es war zu erwarten, dass die axialen Dispersionskoeffizienten mit steigender Drehzahl mit Sicherheit größer werden, wie es auch aus der Abb. 7.2 indirekt folgt. Bevor jedoch eine Korrelation zwischen Dispersionskoeffizienten und Drehzahlen aufgestellt werden konnte, sollte geklärt werden, ob eine Abhängigkeit von der axialen Reynoldszahl besteht. In der Literatur gibt es nur wenige Angaben zu dieser Frage. Bei niedrigen axialen Volumenströmen ist der Einfluss der axialen Reynoldszahl vernachlässigbar klein. Verbreitete Meinung ist, dass die Dispersionskoeffizienten mit steigender axialer Reynoldszahl kleiner werden sollen, was auf die stabilisierende Wirkung der axialen Strömung zurückzuführen ist. Das bedeutet, dass der Dispersionskoeffizient nicht als Funktion der Rotations-Reynoldszahl, sondern des Verhältnisses zu der entsprechenden kritischen Reynoldszahl erfasst werden sollte. Die Umrechnung der kritischen Reynoldszahl auf die axiale Strömung würde die Änderung des Dispersionskoeffizienten vollständig berücksichtigen [Yim et al., 1998], [Resende et al., 2001]. Dies gilt jedoch nur für niedrige Drehzahlen in nicht turbulenter Strömung. In Wirklichkeit wird bei weiterer Erhöhung der Drehzahl sogar ein Anstieg der Dispersionskoeffizienten beobachtet. In [Enokida et al., 1989] wurde dafür eine lineare Abhängigkeit des Dispersionskoeffizienten von der axialen Strömungsgeschwindigkeit vorgeschlagen. In [Moore & Cooney, 1995] ist diese Abhängigkeit nicht so stark und wird mit einem Exponenten von 0,17 bei axialer Reynoldszahl beschrieben.

Alle Dispersionskoeffizienten sind in der Abb. 7.4 über den axialen Reynoldszahlen aufgetragen, separat für alle drei Zylindergrößen (Abb. 7.4 a, b, c). Die einzelnen Datenreihen auf jedem Diagramm entsprechen unterschiedlichen Drehzahlen, die sich für jede Datenreihe ergebenden Rotations-Reynoldszahlen sind in der Tabelle neben dem Bild aufgelistet. Die höheren Werte der Dispersionskoeffizienten entsprechen höheren Reynoldszahlen. Die Grenzen zwischen den Strömungsregimes 2 (Wellenströmung) und 3 (turbulente Strömung) sind aus Abb. 7.3 übertragen und als durchgezogene Linie dargestellt.

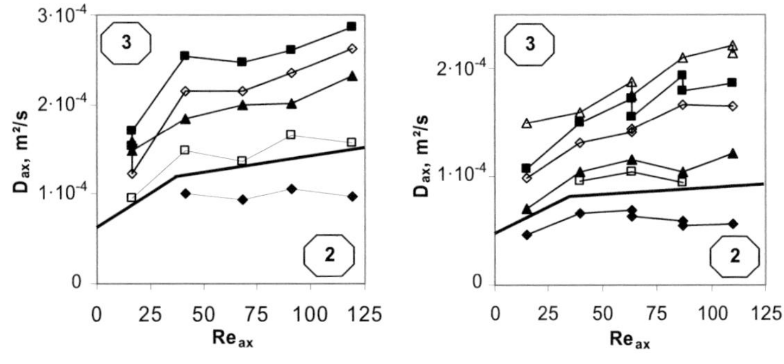

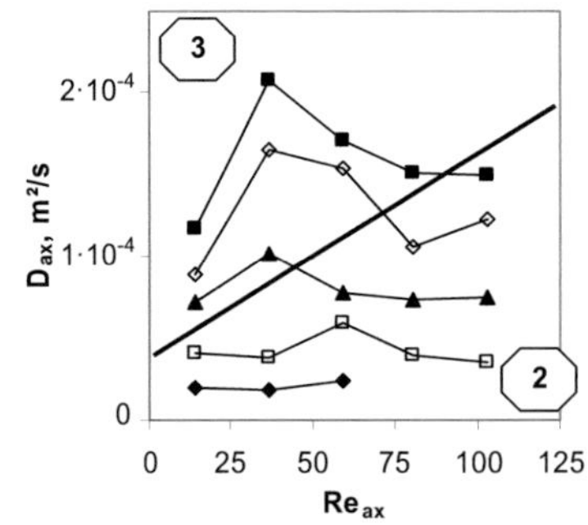

Abb.	a)	b)	c)
Zylinder	Klein	Mittel	Groß
Re_ϕ	◆ 3050	◆ 2400	◆ 1320
	□ 6100	□ 3600	□ 2640
	▲ 9150	▲ 4800	▲ 3970
	◇ 12200	◇ 7200	◇ 5290
	■ 15260	■ 9600	■ 6610
		△ 1200	

c)

Abb. 7.4. *Axiale Dispersionskoeffizienten in Abhängigkeit von der axialen Reynoldszahl: jede Datenreihe entspricht einer Rotations-Reynoldszahl (s. Tabelle)*

Bis auf wenige Ausnahmen, die auf die Genauigkeit der Definition von Grenzen zwischen den Strömungsregimes zurückzuführen sind, sind die Werte von den Dispersionskoeffizienten beim Wellenregime weitgehend von der axialen Reynoldszahl unabhängig. Dagegen existiert in der turbulenten Strömung eine solche Abhängigkeit, die auch in der Literatur erwähnt wurde. Um diesen Zusammenhang zu klären, sind nun in Abb. 7.5 nur die Messreihen dargestellt, die beim turbulenten Strömungsregime aufgenommen wurden. An jede Messreihe wurde eine potenzielle Trendlinie als Funktion der axialen Reynoldszahl angepasst. Die dazugehörigen Exponenten der potenziellen Funktion sind bei jeder Datenreihe angegeben.

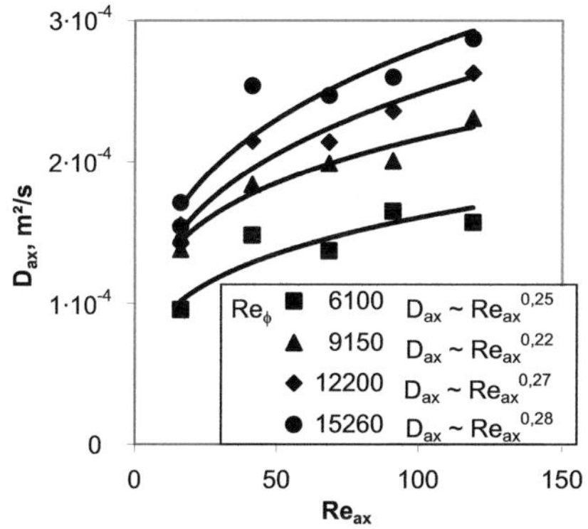

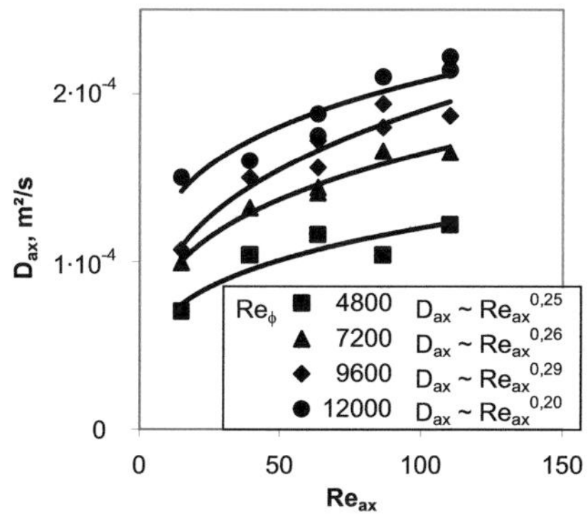

Abb. 7.5. *Axiale Dispersionskoeffizienten in Abhängigkeit von der axialen Reynoldszahl: a) kleiner Innenzylinder; b) mittlerer Innenzylinder*

Alle Funktionen ergeben im Durchschnitt einen Exponenten von 0,25 bei der axialen Reynoldszahl. Deswegen muss in die Korrelation für die Dispersionskoeffizienten im turbulenten Regime der Term $Re_{ax}^{0,25}$ eingehen. Im Wellenregime wurde, wie vorher erwähnt, kein Einfluss der axialen Reynoldszahl beobachtet, also enthält die Korrelation für dieses Regime nur die Abhängigkeit von der Rotations-Reynoldszahl.

Des Weiteren soll die Abhängigkeit der Dispersionskoeffizienten von der Rotations-Reynoldszahl geklärt werden. Der Dispersionskoeffizient wurde jeweils durch Dividieren durch die Viskosität der Flüssigkeit in dimensionslose Form überführt (für diese Versuchsreihe war dies die Viskosität des Wassers $\nu = 1 \cdot 10^{-6}$ m²/s). Im Weiteren hat sich bestätigt, dass solche Entdimensionierung gerechtfertigt ist und auch für andere Flüssigkeitsviskositäten durchgeführt werden kann (s. Abschnitt 7.4). Aus der Literatur ist solche Art der Entdimensionierung des axialen Dispersionskoeffizienten auch bekannt [Ohmura et al., 1997]. Für das

Wellenregime sind in der Abb. 7.6 alle vorhandenen Werte der Dispersionskoeffizienten über der Rotations-Reynoldszahl aufgetragen. Die Trendlinien, welche die Messpunkte verbinden, sind die potenziellen Funktionen der Rotations-Reynoldszahl mit einem Vorfaktor, der von der Zylindergröße abhängig ist. Der Exponent dieser Funktionen ist für alle drei Zylinder gleich. Somit bestimmen beim Wellenregime allein die Geometrie und die Drehzahl die Makrovermischung. Nach der Analyse der Gleichungen für alle drei Zylindergrößen wurde eine Korrelation aufgestellt, die alle drei Messreihen mit gleicher Genauigkeit wiedergibt. Der Vorfaktor vor der Reynoldszahl wurde als eine Funktion der Zylindergröße bzw. des Radienverhältnisses ausgedruckt. Der mittlere Fehler dieser Korrelation für Wellenregime beträgt 9,9%:

$$\frac{D_{ax}}{\nu_{Wasser}} = 2 \cdot 10^{-3} \cdot \eta^{-1,75} \cdot Re_{\phi}^{1,25} \tag{7.8}$$

Der Exponent von 1,25 bei der Rotations-Reynoldszahl stimmt gut mit den vorhandenen Literaturdaten überein: 1,5 und 0,9 für die Wellenströmung im untersuchten Drehzahlbereich in [Ohmura et al., 1997], 1,05 in [Moore & Cooney, 1995].

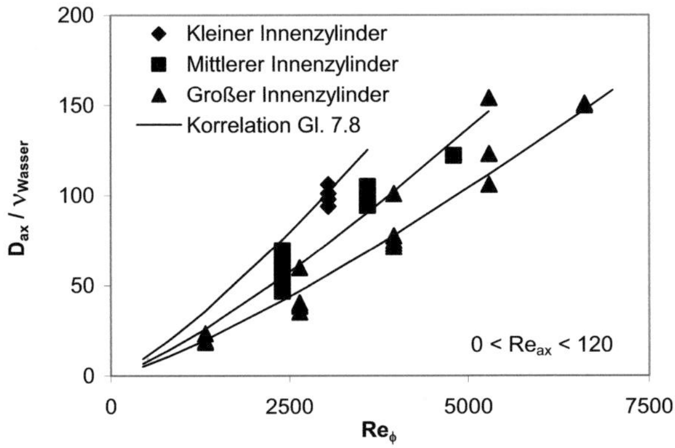

Abb. 7.6. *Korrelation zwischen Dispersionskoeffizienten und Rotations-Reynoldszahl für Wellenregime*

Für das turbulente Regime muss die Korrelation außer der Rotations-Reynoldszahl auch die axiale Reynoldszahl enthalten. Damit nun der Einfluss der Rotation getrennt vom Effekt der axialen Strömung untersucht werden kann, wurden die Messpunkte in einem Koordinatensystem ($1/Re_{ax}^{0,25}$) über (Re_{ϕ}) aufgetragen. Auch in diesem Fall wurden die Ergebnisse für axialen Dispersionskoeffizienten durch Viskosität des Wassers dividiert. Abb. 7.7 zeigt die Korrelation zwischen den entdimensionierten Messdaten und der Reynoldszahl. Es wurde versucht, wie auch beim Wellenregime, die Daten mit einer Potenzfunktion gleicher Steigung zu beschreiben, wobei der Vorfaktor die Abhängigkeit von der Zylindergröße berücksichtigt. Der Exponent für das turbulente Regime beträgt 0,57 für alle Zylindergrößen. Der mittlere Fehler der Korrelation ist in diesem Fall gleich 10,5%. Für den großen Innenzylinder liegen zu wenige Messpunkte vor, um die Korrelation auch für diese Zylindergröße aufzustellen. Die Korrelationsgleichung für turbulentes Regime lautet für den kleinen und den mittleren Zylinder wie folgt:

$$\frac{D_{ax}}{\nu_{Wasser}} = 2{,}4 \cdot 10^{-1} \cdot \eta^{-1} \cdot Re_{\phi}^{0,57} \cdot Re_{ax}^{0,25} \qquad (7.9)$$

Somit ist die Abhängigkeit der Dispersionskoeffizienten von der Rotations-Reynoldszahl beim turbulenten Regime schwächer als beim Wellenregime. Dies ist mit dem zusätzlichen konvektiven Massentransport zwischen den Wirbelzellen durch die Wellenbewegung zu erklären. In der Literatur sind Hinweise auf niedrigere Exponenten bei Erhöhung der Drehzahl auch zu finden, z.B. in [Ohmura et al., 1997]. In [Tam & Swinney, 1987] und [Desmet et al., 1996 b] sind für ähnliche Zylindergrößen Exponenten von 0,73 bzw. 0,72 vorgeschlagen.

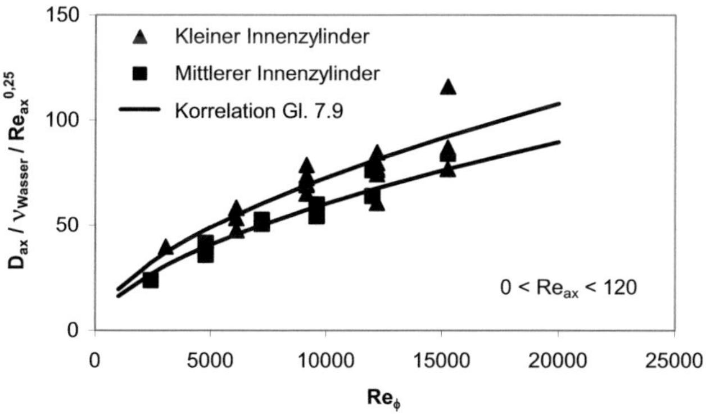

Abb. 7.7. *Korrelation zwischen Dispersionskoeffizienten und Rotations-Reynoldszahl für turbulente Strömung*

Da die Messdaten für den kleinen und den mittleren Innenzylinder hauptsächlich im turbulenten Bereich liegen, und die Punkte für den großen Innenzylinder im Wellenbereich, kann ohne großen Fehler angenommen werden, dass die Dispersionskoeffizienten für die beiden kleineren Zylinder mit der Gleichung 7.8 zu berechnen sind, die Dispersionskoeffizienten für den großen Zylinder dagegen mit der Gleichung 7.9. In diesem Fall beträgt der Fehler für den kleinen Innenzylinder 10%, für den mittleren 9,5% und für den großen 15,2%. Die etwas größere Streuung der Messdaten für den großen Innenzylinder ist dadurch zu erklären, dass viele Messungen im Grenzbereich zwischen zwei Strömungsregimes durchgeführt wurden und deswegen die Möglichkeit besteht, dass in manchen Fällen der Übergang noch nicht abgeschlossen war bzw. das Strömungsregime sich nicht völlig ausgebildet hat. Alle Messpunkte sind in der Abb. 7.8 zusammen mit den entsprechenden Korrelationsgeraden dargestellt.

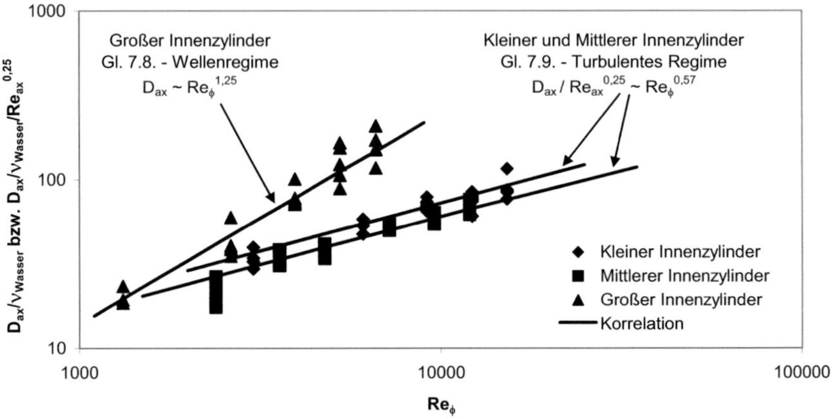

Abb. 7.8. *Korrelation zwischen Dispersionskoeffizienten und Rotations-Reynoldszahl für beide Strömungsregimes und alle Zylindergrößen ($0 < Re_{ax} < 120$)*

Die Grenze zwischen den Strömungsregimes 2 und 3 (s. Abb. 7.3) kann näherungsweise mit folgender Gleichung beschrieben werden:

$$Re_{\phi} / Re_{\phi,krit}(Re_{ax}) = 20 + 0{,}24 \cdot Re_{ax} \tag{7.10}$$

Hier ist die kritische Reynoldszahl eine Funktion der axialen Reynoldszahl, wie in Abschnitt 3.3 diskutiert wurde. Allgemein kann man sagen, dass, wenn die meisten Betriebspunkte oberhalb dieser Grenze liegen, die Gleichung 7.9 ohne großen Fehler zur Berechnung der Dispersionskoeffizienten angewendet werden kann, unterhalb der Grenze soll die Gleichung 7.8 angewendet werden. Bei der Spiralströmung (Regime 1) bei $Re_{ax} > 20$ und $Re_{\phi}/Re_{\phi,krit} < 10$ muss man mit noch höheren axialen Dispersionskoeffizienten rechnen, als die mit der Korrelationsgleichung vorhergesagten Werte.

7.3. Makromischzeiten

Bei den meisten Aufgabenstellungen sind nicht die axialen Dispersionskoeffizienten von praktischem Interesse, sondern die charakteristische Zeit, in der die Makrovermischung erfolgt. Die Definition von der Makromischzeit in Taylor-Couette Strömung, die in dieser Arbeit verwendet wird, bezeichnet sie als eine Zeit, während der ein Strömungselement in axialer Richtung im Mittel eine Strecke von zwei Spaltbreiten zurücklegt. Diese Bewegung erfolgt allein aufgrund der axialen Dispersion, unabhängig von der axialen Strömung. Sie wird somit relativ zur axialen Geschwindigkeit betrachtet, die sich aus Querschnittsfläche der Wirbelzelle und dem axialen Volumenstrom berechnen lässt. Unter der Annahme, dass die Wirbel quadratischen Querschnitt haben (was durch Strömungsvisualisierung für die meisten Versuchsbedingungen bestätigt wurde), bedeutet dies, dass sich ein Fluidelement während der Makromischzeit im statistischen Mittel um ein Wirbelpaar entlang des Spaltes bewegt haben wird. Mit der Erhöhung des axialen Dispersionskoeffizienten wird auch die Geschwindigkeit der Makrovermischung erhöht.

Als Grundlage für die Berechnung der Makromischzeit wurde die Einstein-Smoluchowski-Gleichung für das mittlere Verschiebungsquadrat bei Diffusion benutzt:

$$<x^2>=2\cdot D\cdot t \tag{7.11}$$

Hier ist D – Diffusionskoeffizient, t – Diffusionszeit und x – mittlere Verschiebung eines Elements (Teilchens) aufgrund der Diffusion in der Zeit t. Wenn man nun die axiale Dispersion in Analogie zu einem Diffusionsvorgang betrachtet, kann mit dieser Gleichung die axiale Mischzeit berechnet werden. Die charakteristische Länge entlang des Spaltes beträgt zwei Spaltbreiten ($2\cdot d$), und somit ist die axiale Makromischzeit:

$$t_m=\frac{2\cdot d^2}{D_{ax}} \tag{7.12}$$

So wurden aus den gemessenen axialen Dispersionskoeffizienten die Makromischzeiten berechnet. Die Mischzeiten haben eine Größenordnung von 10^{-1} bis 10^2 s.

Des Weiteren wurden die Korrelationsgleichungen 7.8 und 7.9 verwendet um die Makromischzeiten theoretisch vorauszuberechnen. Der Vergleich zwischen den berechneten und den aus den Experimenten ermittelten Makromischzeiten ist der Abb. 7.9 zu entnehmen. Da die

Korrelation für den kleinen und den mittleren Innenzylinder zusätzlich eine Abhängigkeit von der axialen Reynoldszahl enthält, wurden die Mischzeitenwerte für diese zwei Zylinder in einem Koordinatensystem ($t_m \cdot Re_{ax}^{0,25}$) über (Re_ϕ) aufgetragen. So konnte die Abhängigkeit von der Rotations-Reynoldszahl separat gezeigt werden. Allgemein ist zu bemerken, dass mit steigender Drehzahl die Mischzeiten immer kürzer werden, was eine Intensivierung des Mischvorgangs bedeutet. Bei einer Wellenströmung nimmt die Mischzeit jedoch schneller ab, als bei turbulenter Strömung. Wenn also keine großen Änderungen in axialer Dispersion erwünscht sind, sollte man das Wellenregime vermeiden und die Betriebsparameter so anpassen, dass die Strömung das turbulente Regime aufweist.

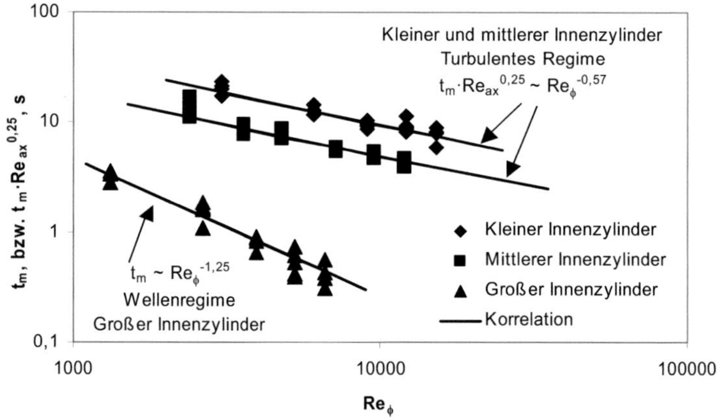

Abb. 7.9. *Korrelation zwischen axialen Makromischzeiten und Rotations-Reynoldszahl für beide Strömungsregimes und alle Zylindergrößen*

7.4. Einfluss der Viskositätsunterschiede auf die Makrovermischung

Alle in Abschnitten 7.1 bis 7.3 beschriebenen Versuche wurden mit Wasser als Medium durchgeführt. Im folgenden Abschnitt werden Versuche präsentiert, bei denen die Viskosität der Flüssigkeit variiert wurde. Somit wurde der Einfluss der Viskosität auf die Makrovermischung untersucht. Folgende Experimente wurden im Apparat mit dem großen Innenzylinder (η = 0,886) durchgeführt. Als Flüssigkeit wurde eine Saccharoselösung (handelsüblicher Haushaltszucker, Südzucker AG) mit einer Viskosität von $\mu = 1\cdot10^{-2}$ Pa·s verwendet (über die Zusammensetzung verwendeter Zuckerlösungen s. Abschnitt 4.6). Alle Versuche wurden bei 20°C ± 0,1-0,2 °C durchgeführt. Die Temperatur wurde ständig mit zwei in den Reaktor eingebauten Thermoelementen kontrolliert.

Die Lösung wurde mit einem konstanten Volumenstrom von 19,6 l/h (Re_{ax} = 4,4) oder 43,1 l/h (Re_{ax} = 9,7) durch den Reaktor in axialer Richtung gefördert. Als zugegebene Tracerlösung wurden eine wässrige Lösung und eine auf der Basis der Zuckerlösung zubereitete Lösung von Methylenblau verwendet. Somit wurde die Vermischung von iso- sowie nicht-isoviskosen Flüssigkeiten bei gleichen Reynoldszahlen Re_ϕ untersucht. Die Viskosität und Dichte zur Berechnung der Reynoldszahlen wurden als diejenigen des entstehenden Gemisches berechnet, da aber die Menge an zugegebener wässriger Lösung gering war, waren die Änderung der Gemischeigenschaften vernachlässigbar klein. Abb. 7.10 zeigt die untersuchten Betriebspunkte auf der Strömungskarte zusätzlich zu den aus der Abb. 7.3.

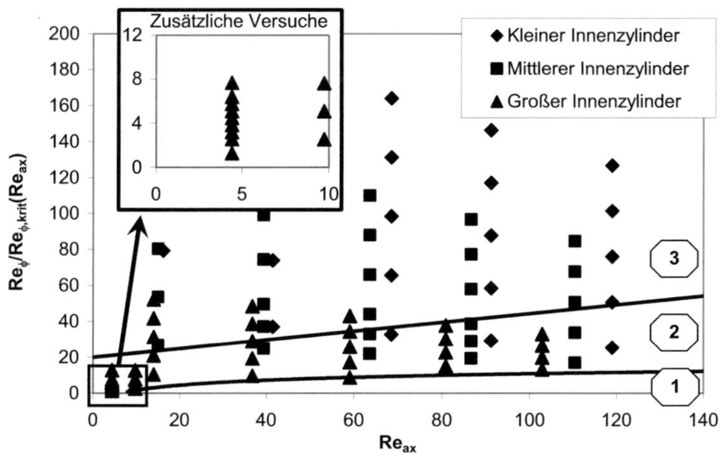

Abb. 7.10. *Zusätzliche Experimente zur Vermischung nicht-isoviskoser Flüssigkeiten*

Der untersuchte Bereich von Rotations-Reynoldszahlen liegt zwischen $Re_{\phi}/Re_{\phi,krit} = 1 - 13$. Somit liegen alle Betriebspunkte im Bereich vom Wellenregime. Aus den gemessenen Verweilzeitverteilungen wurden nach der in Abschnitt 7.1 beschriebenen Methode die axialen Dispersionskoeffizienten berechnet. Die für die Vermischung von zwei Wasserströmungen aufgestellte Korrelation Gl. 7.8 für Wellenregime wurde durch Extrapolation auf die untersuchten niedrigeren Reynoldszahlen erweitert. Auch hier wurden die experimentell ermittelten Werte der axialen Dispersionskoeffizienten entdimensioniert, um die experimentellen Ergebnisse mit den berechneten Werten zu vergleichen. Die Werte wurden in diesem Fall durch die Viskosität der untersuchten Lösung dividiert. Die Ergebnisse der Versuche sind in Abb. 7.11 zusammen mit der Korrelation für das Wellenregime (Gl. 7.8) präsentiert. Zusätzlich sind die experimentellen Werte für den großen Innenzylinder bei Vermischung Wasser/Wasser aus dem Abschnitt 7.2 aufgetragen.

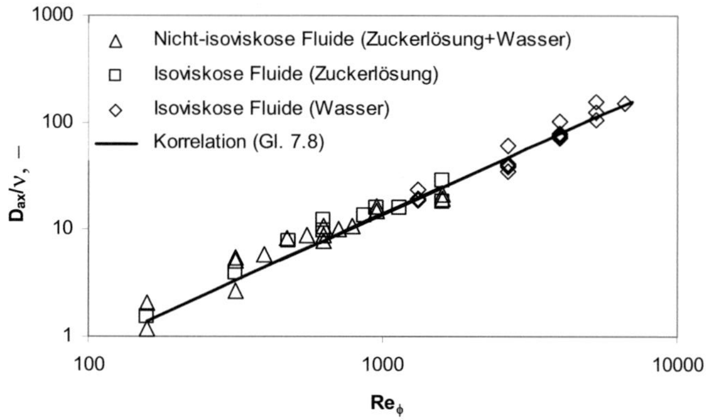

Abb. 7.11. *Axiale Dispersionskoeffizienten als Funktion der Reynoldszahl bei Vermischung isoviskoser oder nicht-isoviskoser Flüssigkeiten im Wellenregime*

Aus dem Diagramm Abb. 7.11 ist zu erkennen, dass Gleichung 7.8 auch für höhere Lösungsviskosität eine gute Übereinstimmung mit den Messdaten liefert. Die dimensionslosen Werte der axialen Dispersionskoeffizienten sind bei gleicher Rotations-Reynoldszahl gleich unabhängig von der Viskosität der Strömung. Dies bedeutet, dass der axiale Dispersionskoeffizient selbst bei höherer Viskosität und gleicher Rotations-Reynoldszahl allgemein größer ist. Aus dem Vergleich der experimentellen Ergebnisse für iso- und nicht-isoviskose Vermischung jedoch folgt, dass die Viskositätsunterschiede der zu vermischenden Fluide die Makrovermischung nicht beeinflussen, zumindest wenn die zugegebene Menge an wässriger Lösung gering ist. Dies ist in Übereinstimmung mit den Erkenntnissen aus der Literatur (s. Abschnitt

2.5). Die Tracer-Lösung wurde durch einen Schlauch zugegeben, dessen Öffnung sich an der Innenoberfläche des Außenzylinders befindet. Die Wirbelzellen bewegen sich in axialer Richtung an der Zugabestelle vorbei. Die entstehenden Inhomogenitäten werden somit unmittelbar nach dem Eintreten in die Grenzzone zwischen zwei Wirbelzellen hineingezogen und gelangen somit in die Gebiete mit hoher Turbulenzintensität. Die vorliegende hochviskose Flüssigkeit kontrolliert den gesamten Mischvorgang und die Vermischung erfolgt entsprechend der jeweiligen Reynoldszahl mit gleicher Geschwindigkeit, wie in einem Fall mit zwei isoviskosen Flüssigkeiten.

Analog zum Abschnitt 7.3 wurden auch die Makromischzeiten für die zusätzlichen Versuchspunkte berechnet (Gl. 7.12). Die Ergebnisse sind dem Diagramm in Abb. 7.12 zu entnehmen. Die Werte stimmen gut mit den aus der Korrelation vorhergesagten überein. Die Mischzeiten in der Zuckerlösung sind bei gleicher Rotations-Reynoldszahl kleiner, als die im Wasser.

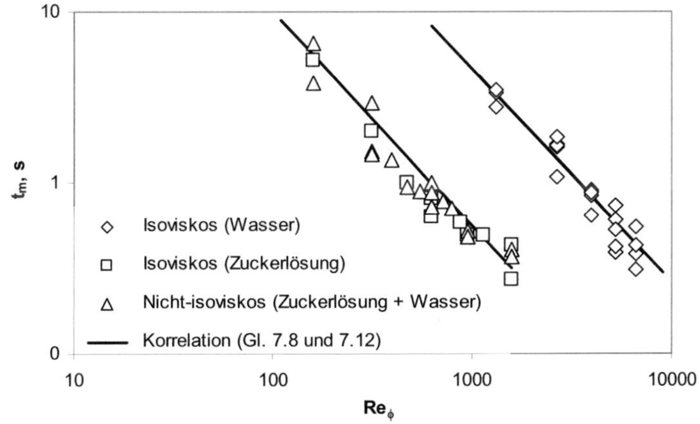

Abb. 7.12. *Makromischzeiten bei der Vermischung iso- sowie nicht-isoviskosen Flüssigkeiten*

Die vorliegenden Versuchsergebnisse bestätigten die aus der Literatur bekannten Aussagen über die Vermischung der nicht-isoviskosen Flüssigkeiten im Regime „vorliegende Flüssigkeit kontrolliert". Solange eine kleine Menge an einzumischender Flüssigkeit zugegeben wird, und diese schnell in die Bereiche mit hoher Turbulenzintensität gelangt, verläuft die Makrovermischung nach den Gesetzmäßigkeiten der isoviskosen Vermischung bei entsprechenden Werten der Reynoldszahlen. Die Korrelation für isoviskose Vermischung kann somit für die Vorhersage der nicht-isoviskosen Vermischung benutzt werden, wenn die Strömungsbedingungen dem Regime der Kontrolle der vorliegenden Flüssigkeit entsprechen.

7.5. Driftgeschwindigkeiten der Wirbelzellen

Die Makrovermischung als Massentransport entlang des Spaltes in axialer Richtung erfolgt zum einen direkt durch die axiale Strömung und mit steigender Rotations-Reynoldszahl auch zunehmend durch die axiale Dispersion. In früheren Abschnitten wurde der Unterschied zwischen dem Massentransport in turbulentem und Wellenregime festgestellt. Im letzten Abschnitt dieses Kapitels wird nun die Visualisierung der Strömungsstruktur einer Taylor-Couette Strömung mit überlagerter axialer Strömung präsentiert. Dabei werden die Auswirkungen der Strömungsstruktur auf den axialen Massentransport in beiden Strömungsregimes diskutiert.

Zentrale Frage dabei ist die Geschwindigkeit der axialen Verschiebung der Wirbelzellen entlang des Spaltes. Die klassische Darstellung der Taylor-Couette Strömung setzt eine Verschiebung der Wirbel entlang der axialen Richtung voraus, bei der deren Geschwindigkeit aus der Querschnittsfläche des Spaltes und dem axialen Volumenstrom direkt berechnet werden kann. Dabei erfolgt der Massenaustausch zwischen den benachbarten Zellen durch die axiale Dispersion. Wenn sich die Wirbelzellen dagegen gar nicht bewegen würden, würde das bedeuten, dass der axiale Transport durch die Bypass-Strömung erfolgte, die einen Teil des Strömungsquerschnitts einnehme. Entlang dieser Bypass-Strömung wirke die axiale Dispersion dann ähnlich wie in einer Rohrströmung. Hinsichtlich des axialen Massentransports und Makrovermischung gibt es also zwei mögliche Grenzfälle.

Die Wirbelzellen waren bei allen durchgeführten Versuchen visuell zu erkennen. Ob sich die Wirbelzellen in axialer Richtung stromabwärts bewegen, und wenn ja, mit welcher Geschwindigkeit, war mit menschlichem Auge jedoch schwer genau zu erkennen. Um diese Frage zu klären, wurden PIV-Aufnahmen solcher Strömungen gemacht. Ein konstanter Volumenstrom einer Flüssigkeit, welchem die Tracer-Partikel beigemischt wurden, wurde durch den Reaktor ähnlich wie bei den Verweilzeitmessungen gefördert. Eine Sequenz aus 60 nacheinander folgenden PIV-Aufnahmen mit einem Zeitintervall von 4 s zwischen den Doppelbildern wurde für jeden Betriebspunkt gespeichert. Die einzelnen Aufnahmenpaare wurden zu den momentanen Geschwindigkeitsvektorfeldern ausgewertet und auf jedem Geschwindigkeitsvektorfeld wurde die Position der Grenze zwischen den Wirbelzellen ermittelt.

Dies ist in der Abb. 7.13 graphisch gezeigt. Abb. 7.13 a) zeigt ein Geschwindigkeitsvektorfeld bei $Re_\phi = 1504$ ($\eta = 0{,}63$, $n = 39$ rpm). Daraus wurde die radiale Geschwindigkeitskomponente extrahiert und deren Verteilung in der Strömung ist in Abb. 7.13 b) präsentiert. Die positiven Spitzenwerte der radialen Geschwindigkeit sind an der Grenze zwischen den Wirbelzellen zu finden, wo sich die Strömung in die Richtung weg vom Innenzylinder bewegt (sog. Outflow-Grenze). Auf dem rechten Diagramm wurde in der Mitte des Spaltes ein axialer Schnitt gemacht, und die radialen Geschwindigkeiten an der Linie mit Koordinaten $r = (R_i + R_a)/2$ in der Abb. 7.13 c) dargestellt. Die Grenze zwischen den Wirbelzellen ist auf dem Diagramm deutlich zu erkennen. Wenn man nun mehrere Aufnahmen einer Strömung mit überlagerter axialer Strömung macht, so verschiebt sich diese Grenze mit einer bestimmten Geschwindigkeit, die als Driftgeschwindigkeit der Wirbelzellen bezeichnet wird. Eine solche Verschiebung entspricht der Bewegung von Wirbelzellen stromabwärts in axialer Richtung.

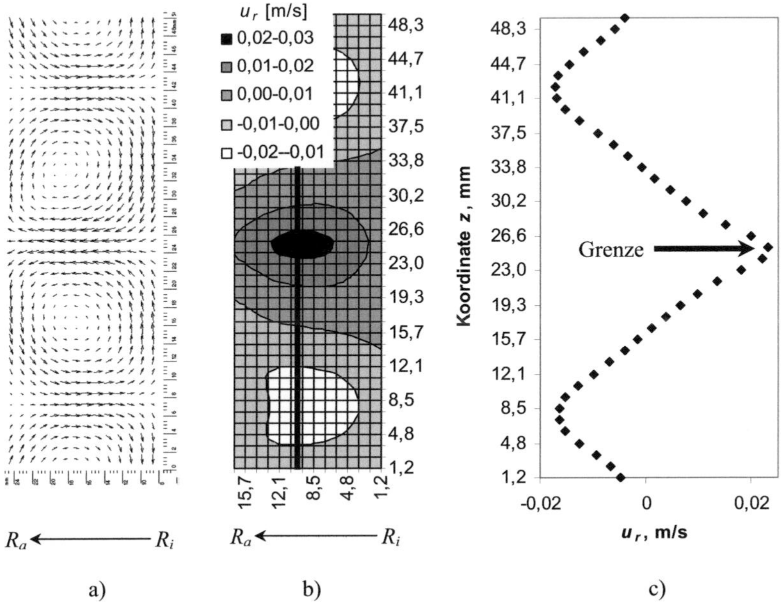

Abb. 7.13. *a) Geschwindigkeitsvektorfeld bei $Re_\phi = 1504$ ($\eta = 0,63$, $n = 39$ rpm); b) Verteilung der radialen Geschwindigkeitskomponente; c) Radiale Geschwindigkeiten in der Mitte des Spaltes*

Abb. 7.14 zeigt die Positionen der Grenze zwischen den Wirbelzellen abhängig von der Zeit. Die abgebildeten Experimente wurden mit dem kleinen Innenzylinder bei einem Volumenstrom von 8,9 l/h in Glyzerinlösung ($\nu = 5,1 \cdot 10^{-6}$ m²/s) durchgeführt. Die axiale Reynoldszahl beträgt dabei $Re_{ax} = 3,77$. Aus dem Reaktorvolumen und Volumenstrom ergibt sich eine axiale Geschwindigkeit von 0,52 mm/s. Die Verschiebung der Grenze zwischen den Wirbelzellen ist aber deutlich langsamer, wobei die Geschwindigkeit von der Drehzahl abhängig ist. Die Positionen der Grenze wurden jeweils mit einer Ursprungsgerade approximiert. Daraus ergeben sich die Driftgeschwindigkeiten der Wirbelzellen, für die abgebildeten Versuche 0,45 mm/s, 0,17 mm/s und 0,11 mm/s für n = 100, 200 und 300 min^{-1}.

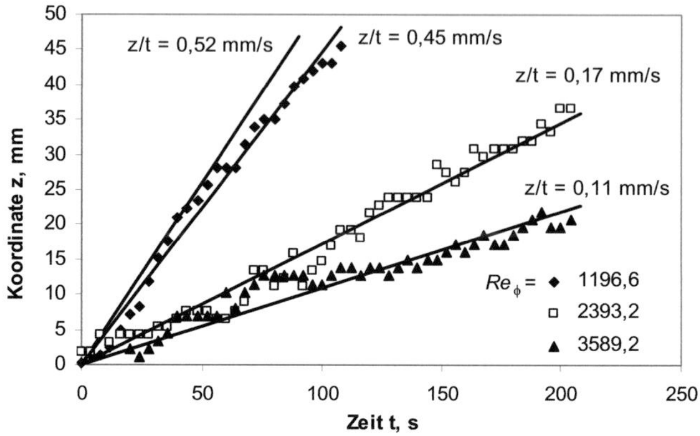

Abb. 7.14. *Verschiebung der Grenze zwischen den Wirbelzellen in axialer Richtung* η = *0,63* Re_{ax} = *3,77 (*u_{ax} = *0,52 mm/s)* n = *100 min*$^{-1}$*; 200 min*$^{-1}$*; 300 min*$^{-1}$

Die Verlangsamung der Bewegung von Wirbelzellen wurde auch in einer weiteren Versuchsreihe mit Re_{ax} = 9,21 (bei sonst gleichen Bedingungen) beobachtet. Alle weiteren Versuche haben keine Abnahme der Driftgeschwindigkeit gezeigt. Die Ergebnisse aus allen durchgeführten Versuchen sind in der Tabelle 7.2 aufgelistet.

In der Literatur gibt es Hinweise auf solches Verhalten der Strömung bei niedrigen axialen Reynoldszahlen. In [Giordano et al, 1998] sowie in [Giordano et al, 2000] wurde ähnlich wie in dieser Arbeit festgestellt, das bei niedrigen axialen Reynoldszahlen eine Erhöhung der Drehzahl zur Verlangsamung der Bewegung von Wirbelzellen führe, bis bei den Drehzahlen, die dem Verhältnis $Re_\phi/Re_{\phi,\mathrm{krit}}$ = 4 entsprechen, die Driftgeschwindigkeit gleich 0 werde. In dieser Arbeit sind die Driftgeschwindigkeiten größer 0 auch bei höheren Drehzahlen ($Re_\phi/Re_{\phi,\mathrm{krit}}$ = 15,9, 31,8 und 47,7 für abgebildete Versuche). Allerdings waren die in [Giordano et al, 1998] untersuchten axialen Reynoldszahlen viel kleiner, als in dieser Arbeit (kleiner 1). In [Tsameret & Steinberg, 1994] wurde ein Grenzwert von Re_{ax} = 8-10 für den Umschlag zu den „stationary spirals“ genannt. Der Übergang kann aber aufgrund von nicht idealen Strömungsbedingungen stufenweise erfolgen, sodass eine konsequente Abnahme der Driftgeschwindigkeit stattfindet bis die Strömung stationär wird. Dies wurde in den Versuchen bei Re_{ax} = 3,77 und Re_{ax} = 9,21 beobachtet. Bei höherer axialer Reynoldszahl ist die Abnahme der Driftgeschwindigkeit kleiner, weil die Strömung sich zunächst im Bereich von sich bewegenden Spiralen und bei noch höheren axialen Reynoldszahlen im Bereich sich bewegender Wirbelzellen befindet. Deswegen sind bei den axialen Reynoldszahlen größer 10 die Driftgeschwindigkeiten annähernd gleich den axialen Strömungsgeschwindigkeiten. Abb. 7.15 zeigt Driftgeschwindigkeiten (bezogen auf die axialen Geschwindigkeiten der Strömung) als Funktion von Rotations-Reynoldszahl.

Tabelle 7.2. *Versuche zur Bestimmung von Driftgeschwindigkeit der Wirbelzellen*

η	ν, m²/s	$\dot{V}$, l/h	u_{ax}, mm/s	Re_{ax}	n, min^{-1}	Re_{ϕ}	u_D, mm/s	u_D/u_{ax}
0,758	$1\cdot10^{-6}$	14	1,162	28,2	40	1920,9	0,90	0,77
	$1\cdot10^{-6}$	14	1,162	28,2	50	2401,2	0,93	0,80
	$1\cdot10^{-6}$	14	1,162	28,2	60	2881,4	1,03	0,88
	$1\cdot10^{-6}$	14	1,162	28,2	80	3841,9	1,09	0,94
	$1\cdot10^{-6}$	14	1,162	28,2	120	5762,8	1,00	0,86
	$1\cdot10^{-6}$	14	1,162	28,2	300	14407,0	1,14	0,98
0,63	$1\cdot10^{-6}$	6,77	0,40	14,69	50	3051,3	0,338	0,85
	$1\cdot10^{-6}$	6,77	0,40	14,69	100	6102,5	0,263	0,66
	$1\cdot10^{-6}$	6,77	0,40	14,69	150	9153,8	0,360	0,91
	$1\cdot10^{-6}$	6,77	0,40	14,69	200	12205,1	0,285	0,72
	$1\cdot10^{-6}$	6,77	0,40	14,69	250	15256,4	0,351	0,88
	$1\cdot10^{-6}$	18,64	1,09	40,44	50	3051,3	0,938	0,86
	$1\cdot10^{-6}$	18,64	1,09	40,44	150	9153,8	1,075	0,98
	$1\cdot10^{-6}$	18,64	1,09	40,44	250	15256,4	0,876	0,80
	$1\cdot10^{-6}$	30,28	1,78	65,71	50	3051,3	1,523	0,86
	$1\cdot10^{-6}$	30,28	1,78	65,71	150	9153,8	1,520	0,86
	$1\cdot10^{-6}$	30,28	1,78	65,71	250	15256,4	1,514	0,85
	$5{,}1\cdot10^{-6}$	8,87	0,52	3,77	50	598,3	0,477	0,92
	$5{,}1\cdot10^{-6}$	8,87	0,52	3,77	100	1196,6	0,450	0,87
	$5{,}1\cdot10^{-6}$	8,87	0,52	3,77	150	1794,9	0,260	0,50
	$5{,}1\cdot10^{-6}$	8,87	0,52	3,77	200	2393,2	0,173	0,33
	$5{,}1\cdot10^{-6}$	8,87	0,52	3,77	250	2991,4	0,132	0,25
	$5{,}1\cdot10^{-6}$	8,87	0,52	3,77	300	3589,7	0,114	0,22
	$5{,}1\cdot10^{-6}$	21,66	1,27	9,21	50	598,3	1,191	0,94
	$5{,}1\cdot10^{-6}$	21,66	1,27	9,21	100	1196,6	1,232	0,97
	$5{,}1\cdot10^{-6}$	21,66	1,27	9,21	150	1794,9	0,854	0,67
	$5{,}1\cdot10^{-6}$	21,66	1,27	9,21	200	2393,2	0,898	0,71
	$5{,}1\cdot10^{-6}$	21,66	1,27	9,21	250	2991,4	0,740	0,58
	$5{,}1\cdot10^{-6}$	21,66	1,27	9,21	300	3589,7	0,733	0,58

Alle untersuchten Betriebspunkte sind in der Abb. 7.16 auf einer Strömungskarte analog der in Abb. 7.3 präsentierten gezeigt. Die Grenze zwischen dem turbulenten und dem Wellenregime wurde auch hier nach Gl. 7.10 berechnet. Es folgt aus dem Diagramm, dass sich die Driftgeschwindigkeiten in keinem Zusammenhang mit dem Strömungsregime verhalten.

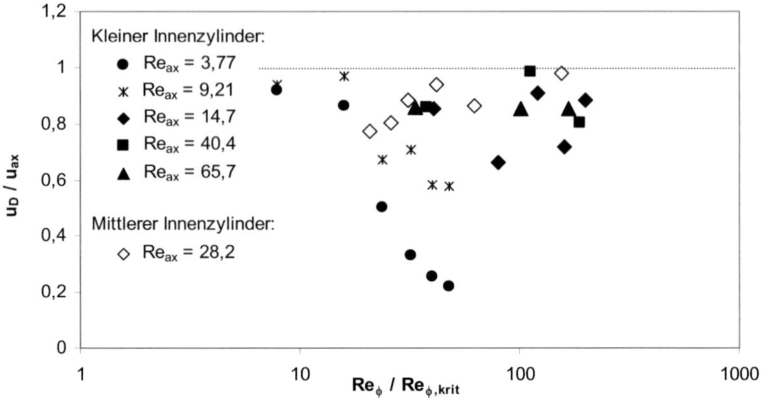

Abb. 7.15. *Relative Driftgeschwindigkeiten der Wirbelzellen*

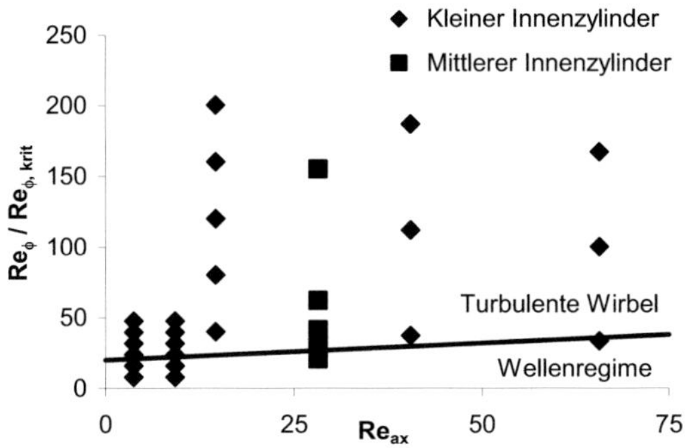

Abb. 7.16. *Strömungskarte für durchgeführte Versuche*

Zusammenfassend ist die Driftgeschwindigkeit der Wirbelzellen bei höheren axialen Reynoldszahlen konstant und gleich der axialen Geschwindigkeit der Strömung. Bei kleineren axialen Reynoldszahlen führt eine Erhöhung der Rotations-Reynoldszahl zu einer Verlangsamung der Driftgeschwindigkeit. Es sind also die Werte beider Reynoldszahlen, die die Geschwindigkeit der axialen Verschiebung der Wirbelzellen bestimmen.

Wie es sich aus den Experimenten zur Verweilzeitverteilung bei ähnlich niedrigen axialen Reynoldszahlen (Abschnitt 7.4) zeigt, haben die Driftgeschwindigkeiten auf den Stofftransport keinen bedeutenden Einfluss. Die gleichen Korrelationen für die axialen Dispersionskoeffizienten gelten sowohl für hohe, als auch für niedrige axiale Reynoldszahlen im gleichen Strömungsregime. Die axialen Dispersionskoeffizienten und somit auch die Makromischzeiten weisen keine explizite Abhängigkeit von den Driftgeschwindigkeiten auf. So kann der Massentransport in der Flüssigkeit entlang des Spaltes unabhängig von der Bewegung der Wirbelzellen durch axiale Dispersion beschrieben werden.

Wenn sich in der Strömung jedoch eine weitere Phase befindet, z.B. feste Partikel, dann könnte die Driftgeschwindigkeit eine wichtige Rolle spielen. Wenn die disperse Phase eine andere Dichte besitzt, als die kontinuierliche, können die Partikel oder Tropfen sich bevorzugt in den Wirbelzellen aufhalten, oder umgekehrt aus den Wirbelzellen aufgrund der Zentrifugalkräfte herausgeschleudert werden. Dann wird die Verweilzeit der Partikel und der Flüssigkeit unterschiedlich in Abhängigkeit von den Dichteunterschieden. Zu diesen Schlussfolgerungen kamen auch einige Forscher, die sich mit dem Problem beschäftigten [Resende et al., 2001], [Zhu et al., 2000]. In einem solchem Fall soll die Verteilung der dispersen Phase im Flüssigkeitsvolumen und die Driftgeschwindigkeit der Wirbelzellen zur Berechnung der Verweilzeiten beider Phasen mitberücksichtigt werden.

8. Mesovermischung im Inneren einer Wirbelzelle

8.1. Visualisierung der Mischvorgänge

Nachdem bei der Makrovermischung die Konzentration in jeder Wirbelzelle als Mittelwert aller lokalen Konzentrationen untersucht wurde, wird nun bei den Untersuchungen zur Mesovermischung der Mischvorgang innerhalb der Wirbelzelle betrachtet. Bei der Beschreibung der Makrovermischung wurde davon ausgegangen, dass die Wirbelzelle im Inneren gut durchmischt ist und einem idealen Rührkessel ähnelt. Im folgenden Kapitel wird die Strömung mit Hilfe der LIF Methode zunächst visualisiert, um festzustellen, inwiefern diese Vereinfachung der Realität entspricht. Anschließend werden die quantitativen Merkmale der Vermischung wie Segregationsgrad in den Wirbelzellen und spezifische Kontaktgrenzfläche zwischen den Flüssigkeiten aus den Versuchen ermittelt und zur Beurteilung der Mischqualität herangezogen.

Die Versuche zur Mesovermischung wurden wie im Abschnitt 4.3 beschrieben als stationäre Experimente durchgeführt. Einem konstanten axialen Fluid-Volumenstrom durch den Spalt wurde ein kleinerer konstanter Volumenstrom von mit Rhodamin B eingefärbter Lösung zugegeben. Die Konzentration der eintretenden Tracer-Lösung wurde so an die Versuchsbedingungen angepasst, dass einerseits die Konzentration im Aufnahmefeld stets unterhalb der Grenzkonzentration von 150 µg/l lag, sodass die Abhängigkeit der Fluoreszenzintensität von der Konzentration linear bleibt, und andererseits die Mischvorgänge im Aufnahmefeld gut sichtbar waren. Wenn nicht anders erwähnt, betrug die Konzentration von Rhodamin B in der Tracer-Lösung in allen Versuchen 500 µg/l. Der Volumenstrom der Tracer-Lösung war in den hier beschriebenen Versuchen 1 l/h. Der Hauptvolumenstrom wurde zwischen 7,2 l/h, 19,1 l/h und 30,8 l/h variiert. Als Fluid wurde Wasser eingesetzt.

Nachdem die Drehzahl eingestellt wurde und sich die Strömung stabilisiert hatte (in der Regel nach einer Wartezeit von ca. 20 min), wurden die Aufnahmen der Strömung gemacht. Für jeden Betriebspunkt wurden 60 oder 100 Bilder aufgenommen. Nach einer entsprechenden Kalibrierung (s. Abschnitt 4.3) wurden diese LIF-Aufnahmen ausgewertet. Dafür wurde eine selbstentwickelte Routine im Softwarepaket *MatLab 7.0* verwendet. Die Aufnahmen wurden als BMP-Dateien in das Programm eingelesen, und als erstes wurden die Bereiche der Aufnahme, die außerhalb der Flüssigkeit liegen, wie z.B. Zylinderwand oder Wasser im Doppelmantel, aus dem Bild ausgeschnitten. Anschließend wurde die örtliche Auflösung der Aufnahme angepasst. Die Dicke des Lichtschnittes, der zur Beleuchtung verwendet wurde, beträgt laut Hersteller der Optik 0,2 mm im Fokuspunkt. Die Größe eines einzelnen Pixels in der Aufnahme war 0,04 mm. Dies würde jedoch bedeuten, dass die örtliche Auflösung in z und r Richtung viel feiner ist als die in ϕ Richtung. Deswegen wurden die Mittelwerte der Intensität aus jeweils 16 (4x4) benachbarten Pixels gebildet. Solche Bereiche haben eine Größe von 0,16x0,16 mm², welche der Lichtschnittdicke besser entspricht. So wurde der Rechenaufwand verringert und außerdem mögliche fehlerbehaftete Grauwerte herausfiltriert.

Die Helligkeit jedes einzelnen Pixels in der Aufnahme hat einen Wert von 0 bis 255, je nachdem wie hoch die lokale Konzentration des Fluoreszenz-Farbstoffes an dieser Stelle in der Strömung war. Zunächst wurde die Intensität der Fluoreszenz entsprechend der Kalibrierungsgeraden für jeden Pixel in die lokalen Konzentrationen umgerechnet. Dabei wurde als Ausgangsdatei eine Matrix mit dem Konzentrationsfeld erstellt, in der jeder Position in (r, z) Koordinaten ein momentaner Wert der lokalen Konzentration entspricht. Einige Beispiele solcher Konzentrationsfelder sind in der Abb. 8.1 präsentiert. Weitere Konzentrationsfelder sowie eine vollständige Auflistung aller Versuche sind im Anhang B zu finden.

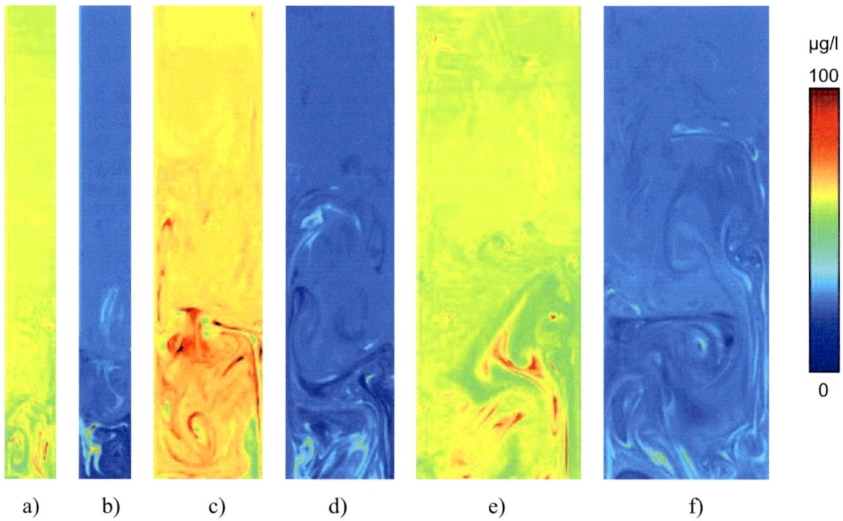

Abb. 8.1. *Konzentrationsfelder aus den stationären LIF-Versuchen.*

	a)	*b)*	*c)*	*d)*	*e)*	*f)*
η	*0,886*	*0,886*	*0,758*	*0,758*	*0,63*	*0,63*
Re_{ax}	*17,9*	*43,7*	*16,6*	*40,5*	*15,4*	*37,7*
Re_{ϕ}	*6102,5*	*6102,5*	*2401,2*	*2401,2*	*1322,1*	*1322,1*

Solche Konzentrationsfelder wurden für mehrere Betriebspunkte aufgenommen. Die Wirbelzellen sind auf den Abbildungen deutlich zu erkennen, sowie die fortschreitende Einmischung der Tracerlösung in den Wirbelzellen in der Nähe der Zugabestelle. Je weiter die Wirbelzelle von der Zugabestelle entfernt ist, desto besser ist das Innere dieser Wirbelzelle durchmischt, sodass in den Abbildungen 8.1a und 8.1b fern von der Zugabestelle (d.h. oben in der Abbildung) fast keine Inhomogenitäten mehr zu sehen sind. Da die Versuche stationär durchgeführt wurden, bestehen in den abgebildeten Fällen keine Unterschiede in mittlerer Konzentration zwischen den benachbarten Wirbelzellen. Das bedeutet, dass die Makrovermischung bereits abgeschlossen ist.

Es wurden zusätzlich einige instationäre Experimente zur Visualisierung der Vermischung durchgeführt. Bei dieser Versuchsführung wurde die Tracerlösung dem Reaktorinhalt zugegeben, ohne einen Volumenstrom in axiale Richtung. Bei solchen Versuchen sind die aufgrund der limitierenden Makrovermischung auftretenden Konzentrationsunterschiede zwischen benachbarten Wirbelzellen vor allem am Anfang eines Mischvorgangs gut sichtbar. Die Zugabe der Tracerlösung wurde zeitgleich mit der ersten Aufnahme begonnen. Es wurden insgesamt 60 Aufnahmen mit einer Frequenz von 0,25 Hz gespeichert. Einige Beispiele der Konzentrationsfelder bei Visualisierung eines instationären Mischvorgangs sind in der Abb. 8.2 dargestellt. Die Strömungsstruktur, die in der Abbildung zu sehen ist, bestätigt noch mal die Aussagen über die Makrovermischung hinsichtlich des Zellenmodells im Kapitel 7.

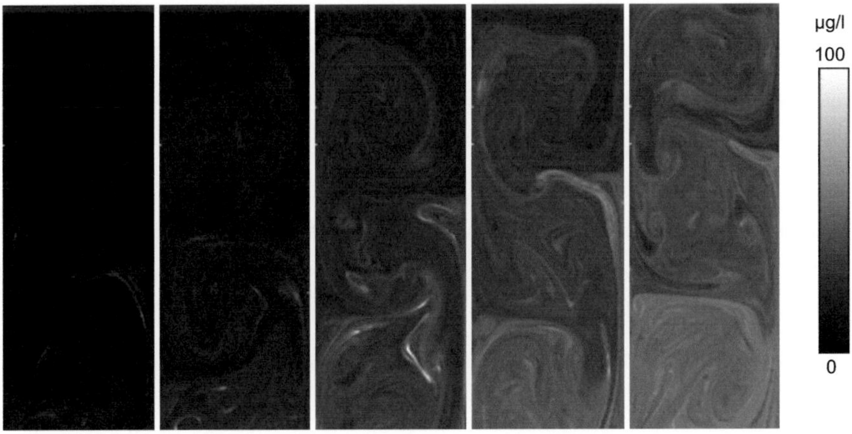

a) b) c) d) e)

Abb. 8.2. *Konzentrationsfelder aus den instationären LIF-Versuchen: Zeit nach dem Anfang der Tracerzugabe: a) 20 s b) 60 s c) 120 s d) 180 s e) 240 s*

Die anschließende quantitative Auswertung der Ergebnisse aus den stationären Versuchen wurde wie folgt durchgeführt. Die Matrix der lokalen Konzentrationen, die einer Aufnahme entspricht, wurde in das Auswertungsprogramm eingelesen. Diese Matrix wurde in Abschnitte geteilt, welche der Größe einer Wirbelzelle entsprechen. Die Länge der Aufnahme in axialer Richtung betrug 52 mm. Beim kleinen Innenzylinder ist die Länge der Aufnahme somit ungefähr gleich drei Spaltbreiten und so beinhaltet jede Aufnahme drei Wirbelzellen. Beim mittleren Innenzylinder passen vier Wirbelzellen in die Aufnahme, und beim großen Innenzylinder werden neun Wirbelzellen abgebildet. Die Aufteilung der Aufnahmen in die Abschnitte entsprechend den Wirbelzellen ist in der Abb. 8.3 schematisch gezeigt.

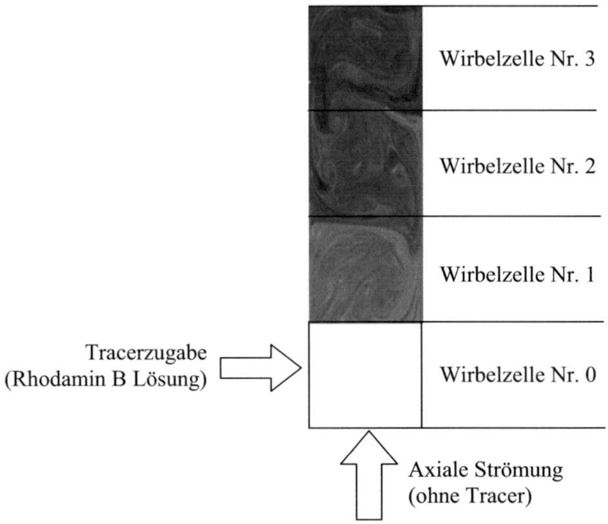

Abb. 8.3. *Aufteilung eines LIF-Konzentrationsfeldes in Wirbelzellen (η = 0,63)*

Die Zugabestelle wurde relativ zum aufgenommenen Strömungsabschnitt so platziert, dass die Einmischung der Tracer-Lösung im Wesentlichen im Aufnahmefeld stattfindet und somit visualisiert werden kann (s. auch Abb. 4.7). Die Zugabe konnte nicht direkt im Aufnahmefeld erfolgen, da die dabei auftretenden Konzentrationsunterschiede außerhalb des linearen Konzentrationsbereiches liegen würden. In den hier beschriebenen Versuchen wurden die Kamera und der Laser so positioniert, dass die Zugabestelle sich um ungefähr eine halbe Spaltbreite tiefer als der untere Rand vom Aufnahmefeld befand. Die Position der Zugabestelle in weiteren LIF-Versuchen (zum Einfluss der Viskositätsunterschiede auf die Vermischung) wird in den entsprechenden Abschnitten definiert.

Für jede Wirbelzelle wurden mittlere Werte der Konzentration berechnet und der maximale und minimale Wert der Konzentration ermittelt. Der Verlauf dieser Werte in den Wirbelzellen zeigt den Fortschritt der Vermischung auf. Ein Beispiel dafür ist in der Abb. 8.4 präsentiert. Die maximalen, die minimalen und die Mittelwerte der Konzentration wurden in jeder Zelle über der Zeit (über 100 Aufnahmen) gemittelt.

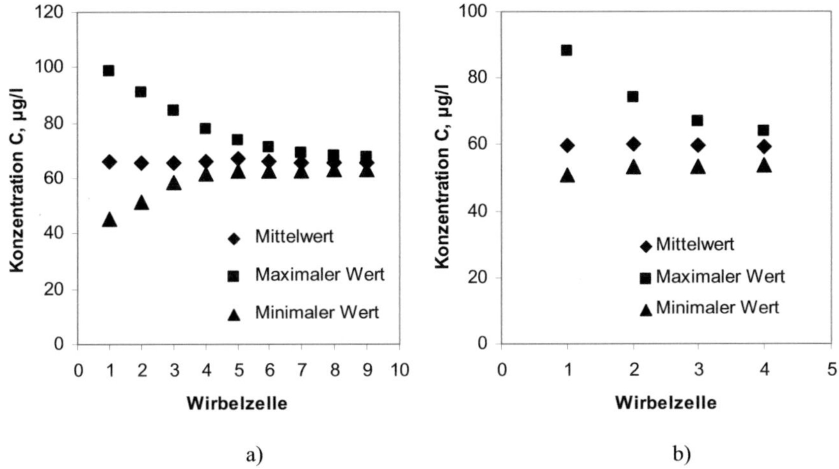

Abb. 8.4. *Verlauf der Konzentrationen in den Wirbelzellen:*
a) $\eta = 0{,}886$, $Re_{ax} = 14{,}5$ $Re_{\phi} = 1983{,}2$; *b)* $\eta = 0{,}758$, $Re_{ax} = 16{,}6$ $Re_{\phi} = 4802{,}3$

Die maximale Konzentration in der Wirbelzelle hat in der ersten Wirbelzelle einen hohen Wert, und nimmt dann mit ansteigender Zellennummer immer weiter ab. Die minimale Konzentration nimmt dementsprechend mit fortschreitender Vermischung zu, sodass am Ende des Mischvorgangs beide Konzentrationen sich dem Mittelwert nähern. Das bedeutet, dass es in der Strömung keine großen Konzentrationsunterschiede mehr gibt. Der Mittelwert der Konzentration bleibt dabei von Zelle zu Zelle gleich, da der Versuch kontinuierlich war.

Die Differenz zwischen dem maximalen und minimalen Wert der Konzentration in der Wirbelzelle kann als Maß für die Beurteilung der Mischgüte angenommen werden. Die Extremwerte der Konzentration sind jedoch lokal und momentan und deswegen fehlerbehaftet. Um die Mischgüte quantitativ genauer zu ermitteln, wird die Varianz (über alle lokalen Konzentrationen gemittelte Abweichung vom Mittelwert) der lokalen Konzentrationen in der Wirbelzelle benötigt. Außerdem ist die spezifische Kontaktgrenzfläche zwischen den Flüssigkeiten eine wichtige Größe zur Beurteilung der Mischqualität. In den folgenden zwei Abschnitten wird die Berechnung dieser zwei Größen aus den Experimenten beschrieben und die Ergebnisse präsentiert.

8.2. Spezifische Kontaktgrenzfläche und Segregationsgrad

Im Abschnitt 2.3 wurde die Kontaktgrenzfläche zwischen den Fluiden als Maß für die Beurteilung der Mischgüte vorgestellt [Bothe et al., 2004], [Schlüter et al., 2004]. Aus der Gl. 2.10 kann folgende Formel für die Berechnung der Kontaktgrenzfläche abgeleitet werden:

$$\Phi = \frac{\Delta x \cdot \Delta y}{A} \cdot \sum_i \sum_j \left[\frac{\left(f(x_{i+1}y_j) - f(x_{i-1}y_j)\right)^2}{4 \cdot \Delta x^2} + \frac{\left(f(x_i y_{j+1}) - f(x_i y_{j-1})\right)^2}{4 \cdot \Delta y^2} \right]^{1/2} \quad (8.1)$$

Der Verlauf dieser Funktion entlang der Zylinderachse gibt Aufschluss über den Fortschritt der Vermischung von einer Wirbelzelle zu der anderen. Die Kontaktgrenzfläche wurde aus den LIF-Konzentrationsfeldern berechnet. Alle LIF-Konzentrationsfelder wurden, wie im Abschnitt 8.1 beschrieben, in einzelne Wirbelzellen aufgeteilt und für jede Wirbelzelle wurde ein eigener Wert der Kontaktgrenzfläche nach Gl. 8.1 berechnet. In den Abb. 8.5 – 8.7 sind einige Beispiele für die experimentelle Werte dieser charakteristischen Größe präsentiert.

Aus dem Verlauf dieser Werte in axialer Richtung kann der Ablauf des Mischvorgangs nachvollzogen werden. Wenn die zu vermischenden Flüssigkeiten aufeinander treffen, ist die Kontaktgrenzfläche zunächst klein. Während der ersten Phase des Mischvorgangs wird die Kontaktgrenzfläche durch Einmischung und Verteilung der Flüssigkeiten ineinander schnell vergrößert. Der eintretende Strom an Tracerlösung hat schon zu Beginn einen kleinen Durchmesser, sodass die Verteilung dieses Stroms in der umgebenden Flüssigkeit schnell erfolgen kann. Dies passiert schon in der Wirbelzelle, in welcher die Zugabe der Tracerlösung stattfindet. Die unterste Wirbelzelle in jeder Abbildung liegt um eine halbe Spaltbreite über der Zugabestelle. Aus dem Verlauf der Werte folgt, dass die Entstehung der Kontaktgrenzfläche bereits in der Zugabe-Wirbelzelle in fast allen Versuchen abgeschlossen ist. In allen weiteren Wirbelzellen wird die Kontaktgrenzfläche nur abgebaut, bis sie einen Grenzwert erreicht, der einer abgeschlossenen Vermischung entspricht. Theoretisch sollte ist der Grenzwert für Kontaktgrenzfläche bei abgeschlossener Vermischung 0. Durch die Ungenauigkeit der Messung ist dieser Grenzwert jedoch nicht 0, sondern beträgt ungefähr 2 m^2/m^3.

Die allgemeine Tendenz, die aus den Abbildungen folgt, weist auf einen schnelleren Abbau der Kontaktgrenzfläche stromabwärts bei einer höheren Reynoldszahl hin. Dies war auch zu erwarten, da die höheren Reynoldszahlen (d.h. die höheren Drehzahlen des Innenzylinders) auch höheren Energieeintrag in die Strömung bedeuten. Diese Energie trägt zunächst zur Entstehung und danach zum Abbau der Kontaktgrenzfläche bei. Aus Abb. 8.7 b ist z.B. zu2 erkennen, dass bei niedrigster Reynoldszahl von 1322,1 die spezifische Kontaktgrenzfläche in der 9. Wirbelzelle ungefähr gleich der in der 1. Wirbelzelle bei höchster Reynoldszahl von 6610,7 ist. Im letzteren Fall ist die Vermischung bereits in der 4. Wirbelzelle abgeschlossen.

Tabelle 8.1. *Legende zu den Abb. 8.5 – 8.10*

Re_ϕ bei	η = 0,63	η = 0,758	η = 0,886
◆	3051,3	2401,2	1322,1
■	6102,5	4802,3	2644,3
▲	9153,8	7203,5	3966,4
◇	12205,1	9604,7	5288,6
□	15256,4	12005,9	6610,7

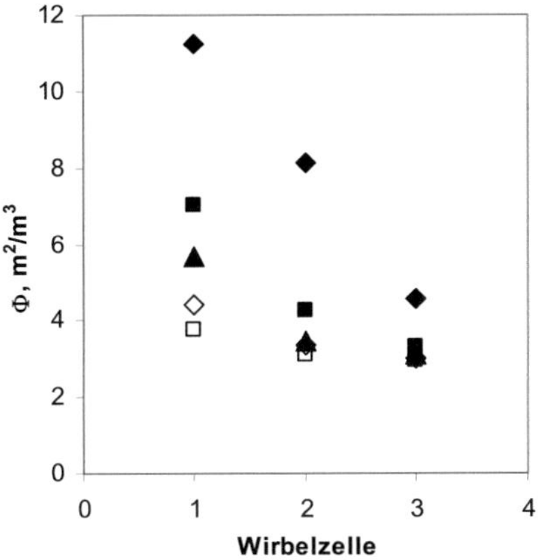

a)

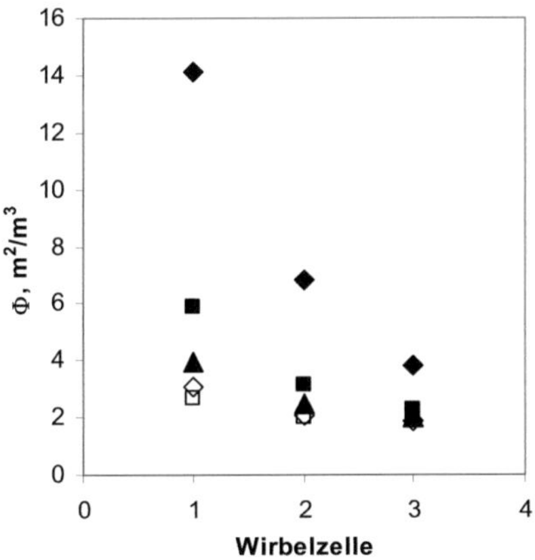

b)

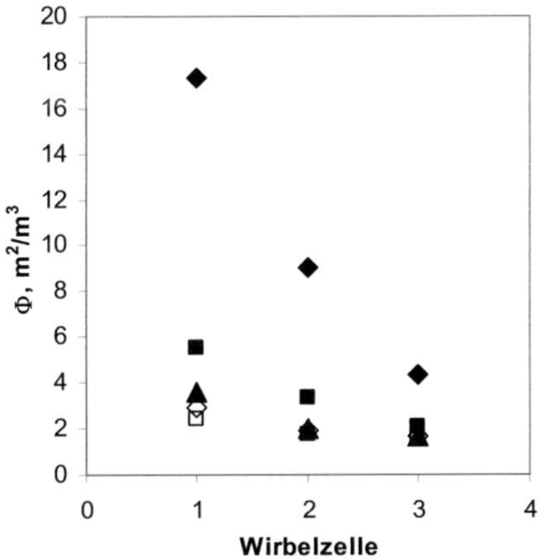

c)

Abb. 8.5. *Spezifische Kontaktgrenzfläche bei η = 0,63*
a) Re_{ax} = 17,9 b) Re_{ax} = 43,7 c) Re_{ax} = 69,0; Legende s. Tabelle 8.1.

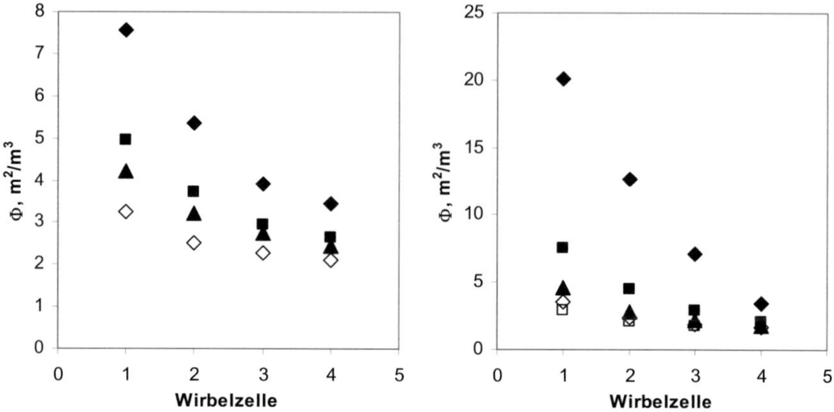

a) b)

Abb. 8.6. *Spezifische Kontaktgrenzfläche bei η = 0,758*
a) Re_{ax} =16,6 b) Re_{ax} = 40,5; Legende s. Tabelle 8.1.

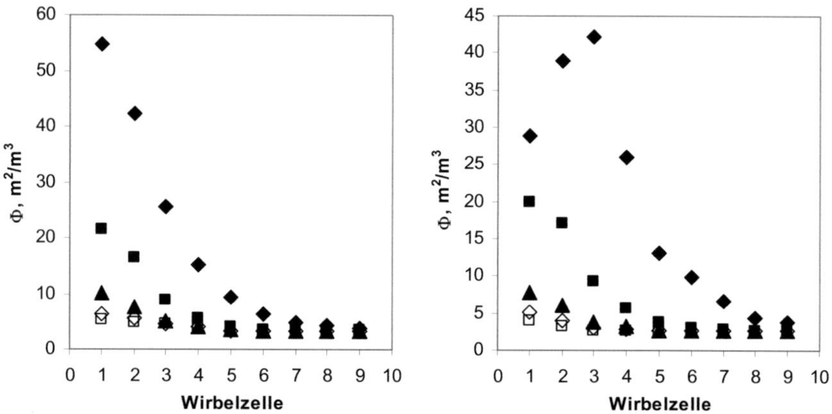

a) b)

Abb. 8.7. *Spezifische Kontaktgrenzfläche bei η = 0,886*
a) Re_{ax} = 14,5 b) Re_{ax} = 37,7 Legende s. Tabelle 8.1.

Bei den zwei kleinsten Reynoldszahlen in der Abb. 8.7.b kann die Entstehung der Kontaktgrenzfläche in der ersten Wirbelzelle noch erkannt werden. Die nimmt in den ersten zwei Wirbelzellen noch zu, bevor sie dann in den weiteren Wirbelzellen, wie in allen übrigen Versuchen, abnimmt.

Zur weiteren Auswertung der Versuche wurde die Varianz als zweite Größe ausgerechnet, welche zur Beurteilung der Mischgüte dient. In jeder Wirbelzelle wurde die Varianz der lokalen Konzentrationen nach Gl. 2.7 berechnet, und daraus der Segregationsgrad mit Hilfe der Gl. 2.8 – 2.9. Die Ergebnisse sind in den Abb. 8.8 – 8.10 dargestellt. Der Ablauf der Mischvorgänge lässt sich auch aus diesen Ergebnissen verfolgen. Der Segregationsgrad hat in der ersten Wirbelzelle immer den höchsten Wert und nimmt mit der Zeit ab. Es existiert immer ein unterer Grenzwert, der einer abgeschlossenen Vermischung entspricht.

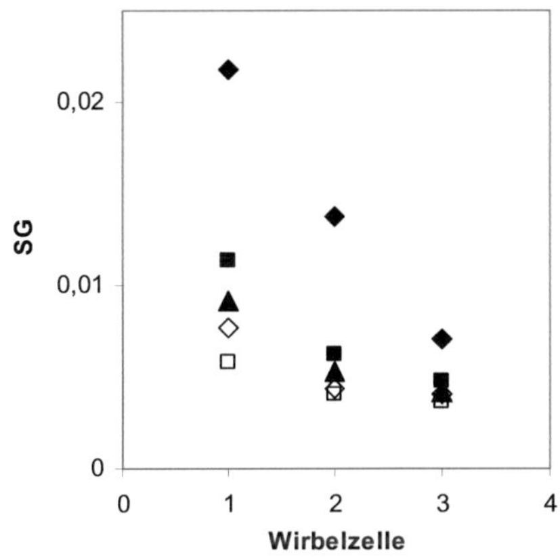

a)

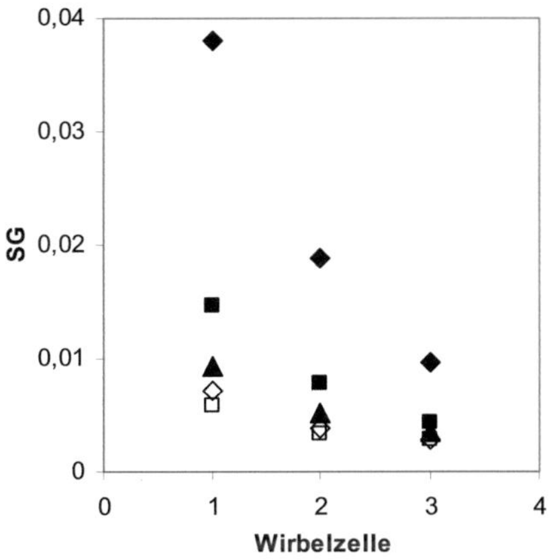

b)

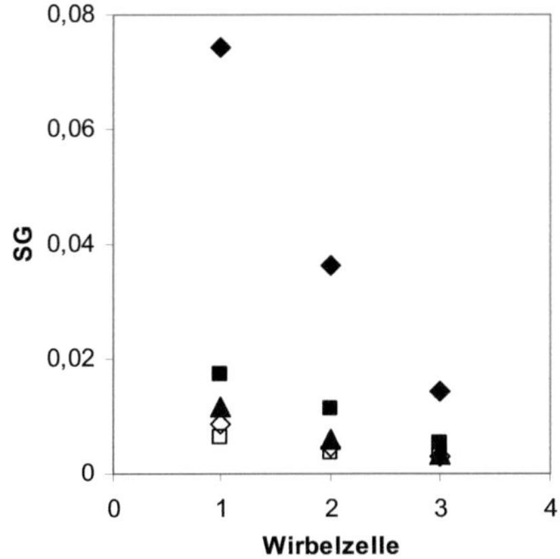

c)

Abb. 8.8. *Segregationsgrad bei $\eta = 0,63$*
a) $Re_{ax} = 17,9$ b) $Re_{ax} = 43,7$ c) $Re_{ax} = 69,0$; Legende s. Tabelle 8.1.

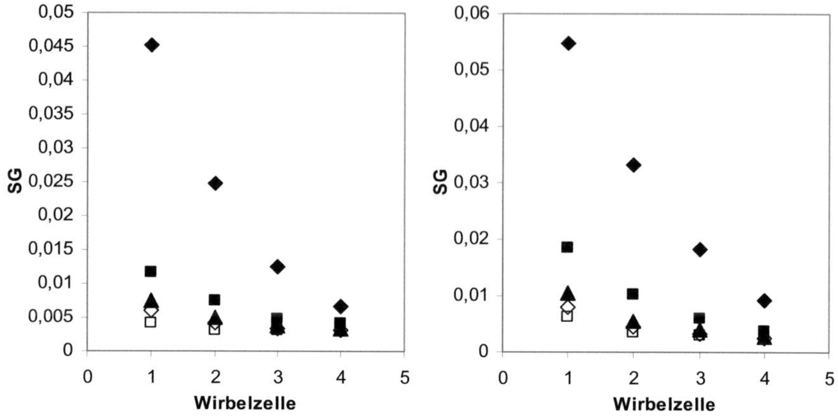

a) b)

Abb. 8.9. *Segregationsgrad bei η = 0,758*
a) Re_{ax} =16,6 b) Re_{ax} = 40,5; Legende s. Tabelle 8.1.

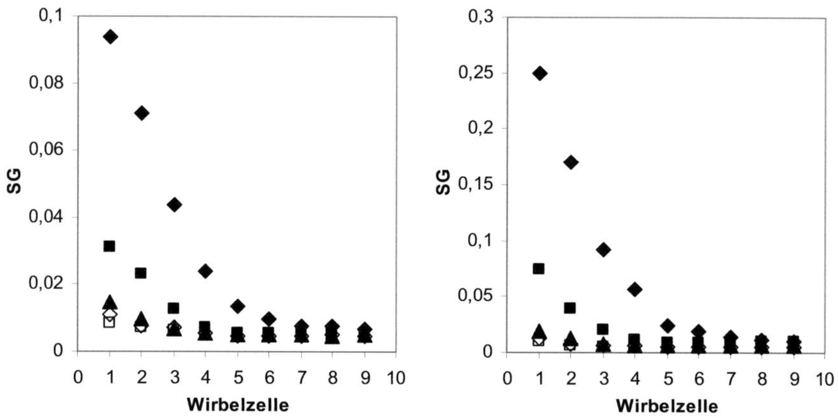

a) b)

Abb. 8.10. *Segregationsgrad bei η = 0,886*
a) Re_{ax} = 14,5 b) Re_{ax} = 37,7; Legende s. Tabelle 8.1.

Der gleiche Trend, der aus der Veränderung der Kontaktgrenzfläche hervorgeht, ist auch bei den Werten des Segregationsgrades zu erkennen, nämlich bei höheren Drehzahlen nimmt der Segregationsgrad schneller ab, als bei niedrigeren. Die Werte des Segregationsgrades in der ersten Wirbelzelle sind bei höheren Drehzahlen deutlich kleiner, was durch die höhere eingetragene Energiemenge und somit eine höhere Dissipationsrate der Konzentrationsvarianz zu erklären ist. Ein anderer interessanter Zusammenhang ergibt sich aber aus dem Vergleich der Werte von Segregationsgrad bei gleicher Rotations-Reynoldszahl und unterschiedlichen axialen Reynoldszahlen. Dieser ist in der Abb. 8.11 präsentiert. Die Abbildung zeigt die Werte des Segregationsgrades für alle Versuche jeweils in der ersten Wirbelzelle nach der Zugabestelle.

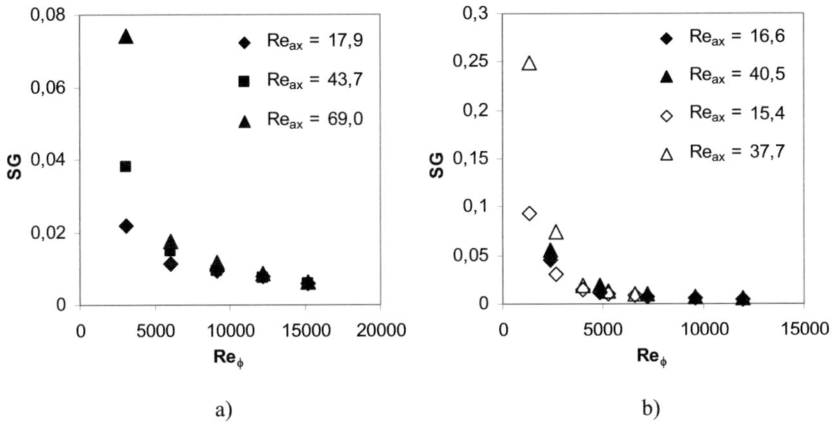

Abb. 8.11. *Segregationsgrad in der ersten Wirbelzelle stromabwärts von der Tracer-Zugabestelle: a) kleiner Innenzylinder; b) mittlerer (gefüllte Symbole) und großer (leere Symbole) Innenzylinder*

Daraus folgt, dass sich bei höheren axialen Reynoldszahlen für die gleiche Rotations-Reynoldszahl ein höherer Wert des Segregationsgrades ergibt. Das bedeutet, dass außer der Rotations-Reynoldszahl auch die Verweilzeit in der Wirbelzelle eine große Rolle spielt. Je größer die axiale Reynoldszahl, desto kürzer ist die Verweilzeit, die ein Fluidelement in einer Wirbelzelle verbringt. Die Zeit, die für den Abbau der Konzentrationsunterschiede zur Verfügung steht, ist kleiner und deshalb ist der resultierende Segregationsgrad in der gleichen Wirbelzelle höher. Somit kann folgende Annahme gemacht werden: die Dissipationsrate der Konzentrationsvarianz hängt nur von der Drehzahl (d.h. von der Rotations-Reynoldszahl) ab, die axiale Reynoldszahl bestimmt dabei den Fortschritt dieser Dissipation in jeder Wirbelzelle innerhalb der jeweiligen Verweilzeit. Diese Hypothese wird im folgenden Abschnitt überprüft.

8.3. Dissipationsrate der Konzentrationsvarianz und Mesomischzeit

Die Hypothese bezüglich der Dissipationsrate der Konzentrationsvarianz, die im vorherigen Abschnitt 8.2 getroffen wurde, beruht auf der Vorstellung über den idealen turbulenten Mischer, die aus [Corrsin, 1957] und [Rosensweig, 1964] stammt. Diese Theorie wurde später in [Baldyga & Bourne, 1999] erfolgreich weiter entwickelt und zur Beschreibung der Mischvorgänge in turbulenten Strömungen angewendet. Die genannte Theorie besagt, dass die Dissipationsrate der Konzentrationsvarianz in turbulenten Strömungen ähnlich wie die Reaktionsrate einer Reaktion erster Ordnung zu beschreiben ist:

$$\frac{d\sigma^2}{dt} = -\frac{\sigma^2}{t_d} \tag{8.2}$$

Die Konzentrationsunterschiede nehmen somit mit der Zeit exponentiell ab mit einer charakteristischen Zeitkonstante, die der in die Strömung eingetragenen Energiemenge entspricht. Diese Zeitkonstante ist hier als Mesomischzeit bezeichnet:

$$\sigma^2(t) = \sigma_0^2 \cdot e^{-(t/t_d)} \tag{8.3}$$

Dabei ist σ_0^2 die ursprüngliche Konzentrationsvarianz, die zum Zeitpunkt $t = 0$ im Apparat vorliegt. Gl. 8.3 beschreibt den Abbau der Konzentrationsunterschiede in einem geschlossenen Flüssigkeitsvolumen. In [Rosensweig, 1964] und später in [Baldyga & Bourne, 1999] wurde des Weiteren angenommen, dass die Konzentrationsvarianz eine bilanzierbare Größe ist. Das bedeutet, dass mit einem eintretenden Volumenstrom auch ein bestimmter Fluss an Konzentrationsvarianz in das Volumen eingetragen wird, und genauso mit einem Flüssigkeitsstrom, der das betrachtete Volumen verlässt, wird ein Fluss an Konzentrationsvarianz aus dem Volumen austreten. Das Flüssigkeitsvolumen wird zur Vereinfachung als ein idealer Rührkessel hinsichtlich der Konzentrationsvarianz betrachtet. Die Konzentrationsvarianz hat somit, ähnlich wie die Konzentration in einem konventionellen idealen Rührkessel, an jeder Stelle im Volumen den gleichen Wert und ist gleich der Konzentrationsvarianz in der austretenden Strömung. So kann eine Bilanz für die Konzentrationsvarianz in einem Flüssigkeitsvolumen aufgestellt werden:

$$V \cdot \frac{d\sigma^2}{dt} = \dot{V}_{ein} \cdot \sigma_{ein}^2 - \dot{V}_{aus} \cdot \sigma^2 \tag{8.4}$$

Hier ist V das betrachtete Volumen, $\dot{V}_{ein}$ und $\dot{V}_{aus}$ die ein- und austretende Volumenströme, die eine Konzentrationsvarianz von σ_{ein}^2 bzw. σ^2 mit sich führen. Zusammen mit der Gl. 8.2 ergibt sich unter der Bedingung $\dot{V}_{ein}=\dot{V}_{aus}=\dot{V}$ folgende Bilanz der Konzentrationsvarianz im Volumen V:

$$\dot{V} \cdot \sigma_{ein}^2 - \dot{V} \cdot \sigma^2 - V \cdot \frac{\sigma^2}{t_d} = 0 \tag{8.5}$$

Nach Division der Gl. 8.5 durch $\dot{V}$ bekommt man für σ^2 folgenden Ansatz:

$$\sigma^2 = \frac{\sigma_{ein}^2}{\left(1 + \frac{t_V}{t_d}\right)} \tag{8.6}$$

mit $t_V = V/\dot{V}$ - volumenbezogene Verweilzeit der Flüssigkeit im Volumen V. Da die mittlere Konzentration im Volumen konstant ist, ist auch die maximale mögliche Konzentrationsvarianz für jeden Strömungsabschnitt konstant (s. Gl. 2.8). Somit kann anstatt der Konzentrationsvarianz der Segregationsgrad geschrieben werden (s. hierzu auch Gl. 2.9). Die Verweilzeit t_V in betrachtetem Volumen kann bei bekanntem Volumenstrom berechnet werden. Daher ist die folgende Gleichung eine Basisgleichung für die Berechnung der Mesomischzeiten t_d:

$$\sqrt{\frac{\sigma^2}{\sigma_0^2}} = \sqrt{\frac{\frac{\sigma_{ein}^2}{\sigma_0^2}}{1 + \frac{t_V}{t_d}}} \quad \text{oder} \quad SG = \frac{SG_{ein}}{\sqrt{1 + \frac{t_V}{t_d}}} \tag{8.7}$$

SG_{ein} ist der Segregationsgrad in der eintretenden Strömung. Wenn nun eine einzelne Wirbelzelle als Volumen V betrachtet wird, so ist der Segregationsgrad SG_{ein} derjenige in der benachbarten Wirbelzelle Richtung stromaufwärts. Die Wirbelzelle mit der Nummer 0 (in der sich die Zugabestelle der Tracer-Lösung befindet) ist somit die erste Wirbelzelle, die für die Berechnung benötigt wird. Die Hauptströmung und die Tracer-Lösung treten in diese Wirbelzelle unvermischt ein, sodass der Segregationsgrad SG_{ein} für die Eintritts-Wirbelzelle gleich 1 ist. In dieser Wirbelzelle wird die Flüssigkeit teilweise vermischt, und der Segregationsgrad am Austritt ist somit kleiner 1. Dieser kann mit Hilfe der Gl. 8.7 unter der Annahme $SG_{ein} = 1$ berechnet werden, wenn die Mesomischzeit t_d bekannt ist. Der berechnete Wert gilt als Eintrittswert für die Wirbelzelle mit der Nummer 1. Der Segregationsgrad am Ausgang kann wieder mit der Gl. 8.7 berechnet werden u.s.w.

In dieser Arbeit war die Aufgabestellung anders, nämlich aus den Versuchsergebnissen sind die Werte der Segregationsgrade in den Wirbelzellen nach der Zugabestelle bekannt. Daraus war nun die Mesomischzeit zu ermitteln. Dies erfolgte durch die Anpassung der Gl. 8.7 an die experimentellen Werte des Segregationsgrades. Die Verweilzeit t_V in der Wirbelzelle wurde aus dem jeweiligen Volumenstrom und aus den Volumen der Wirbelzelle berechnet:

$$V_Z = \pi \cdot \left(R_a^2 - R_i^2 \right) \cdot d \qquad (8.8)$$

In der Tabelle 8.2 sind die Werte der Verweilzeiten in der Wirbelzelle zusammengefasst.

Tabelle 8.2. *Verweilzeiten in der Wirbelzelle*

Geometrie:	$\eta = 0{,}63$	$\eta = 0{,}758$	$\eta = 0{,}886$
Volumen der Wirbelzelle V_Z, L	0,08763	0,04043	0,009625
Gesamtvolumenstrom $\dot{V}$, L/h	Verweilzeit in der Wirbelzelle t_V, s		
8,23	38,3	17,7	4,2
20,12	15,7	7,2	1,7
31,82	9,9		

Die Anpassung erfolgt durch die Berechnung nach Gl. 8.7 des Segregationsgrades am Austritt aus den Wirbelzellen nacheinander für alle Wirbelzellen, die auf den experimentell erfassten Aufnahmen abgebildet sind. Die Berechnung fängt mit der Annahme eines Schätzwertes für die Mesomischzeit an und wird iterativ fortgeführt, so dass die mittlere Abweichung der Werte für Segregationsgrad von den Versuchsdaten durch Anpassung der Mesomichzeit minimiert wird. Der aus der Anpassung resultierende Wert ist die experimentelle Mesomischzeit.

Ein Beispiel für die Anpassung der Mesomischzeit an die experimentellen Werte des Segregationsgrades ist in der Abb. 8.12 dargestellt. Die Anpassung ist hier für zwei Versuchsreihen gezeigt. Mit Hilfe dieser Methode wurden alle weiteren Versuche auch ausgewertet.

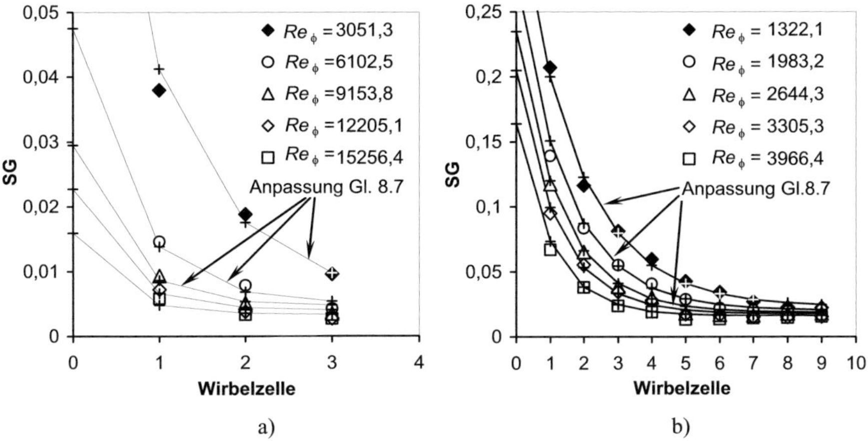

Abb. 8.12. *Ermittlung der Mesomischzeit durch Anpassung der Gl. 8.7 an die experimentellen Daten (mit „+“ Zeichen sind die berechneten Werte des Segregationsgrades in Wirbelzellen markiert): a) $\eta = 0{,}63$ $Re_{ax} = 37{,}7$; b) $\eta = 0{,}886$ $Re_{ax} = 43{,}7$*

Die resultierenden Mesomischzeiten nehmen die Werte von $1 \cdot 10^{-2}$ bis 2 s an. Sie werden für die Aufstellung einer Korrelation entdimensioniert, indem jeder Wert durch die Zeit t_i geteilt wird. Dies ist die Zeit, in der ein Punkt auf der Oberfläche des Innenzylinders eine volle Umdrehung um die Zylinderachse benötigt ($t_i = 60/n$). Somit entspricht die dimensionslose Mesomischzeit der Anzahl an Umdrehungen, die der Innenzylinder während dieser Zeit macht. Die Werte der dimensionslosen Mesomischzeit sind in der Abb. 8.13 als Funktion der Rotations-Reynoldszahl für alle drei Innenzylindergrößen präsentiert. Wie erwartet, nimmt auch die Mesomischzeit mit steigender Drehgeschwindigkeit ab. Aus der Abbildung folgt jedoch, dass die Mesomischzeiten keine Abhängigkeit von der axialen Reynoldszahl aufweisen. Die mittlere Steigung der Geraden im log-log Maßstab ist -1,48. Die experimentell ermittelten Werte können mit folgender Korrelation erfasst werden:

$$\theta_d = \frac{t_d}{t_i} = 2{,}5 \cdot 10^5 \cdot \frac{1-\eta}{\eta^{1{,}6}} \cdot Re_\phi^{-1{,}48} \tag{8.9}$$

Diese Korrelation beinhaltet die Abhängigkeit der Mesomischzeit von der Innerzylindergröße und gilt somit für alle drei untersuchten Geometrien. Die mittlere Abweichung der Korrelation von den Messdaten beträgt 21,1% (28,4% für den großen Innenzylinder, 15,2% für den mittleren Innenzylinder und 19,6% für den kleinen Innenzylinder).

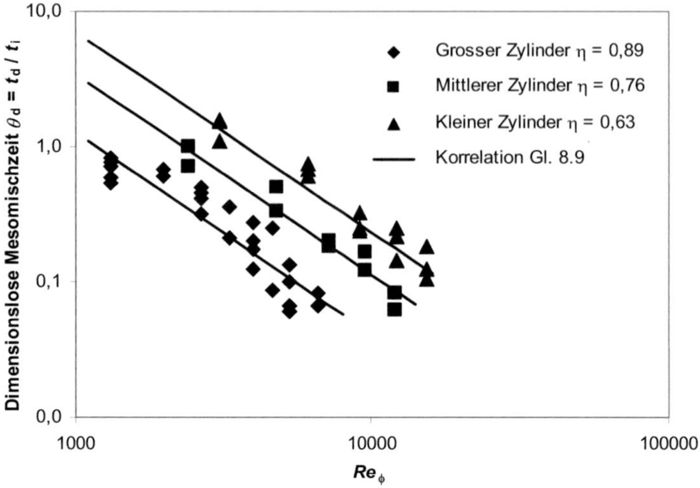

Abb. 8.13. *Experimentelle Werte der Mesomischzeit und Korrelation nach Gl. 8.9*

Somit wurde die dritte charakteristische Zeit eines Mischvorgangs in der Taylor-Couette Strömung ermittelt. Die vorgestellten Versuche wurden mit wässrigen Lösungen durchgeführt, sodass keine Viskositätsunterschiede während der Vermischung aufgetreten sind. Bevor eine zusammenfassende Darstellung eines Mischvorgangs und ein Vergleich der Mischzeiten erfolgen können, muss zunächst der Einfluss der Viskositätsunterschiede auf die Mesovermischung untersucht werden. In den folgenden Abschnitten 8.4 – 8.5 werden nun ähnliche Versuche zur Mesovermischung zweier nicht-isoviskosen Flüssigkeiten und die daraus berechneten Mesomischzeiten bei nicht-isoviskoser Vermischung vorgestellt.

8.4. Struktur einer heterogenen Strömung

Zur Untersuchung der Mesovermischung von nicht-isoviskosen Flüssigkeiten wurden die gleichen LIF Experimente durchgeführt, wie im Abschnitt 8.1 beschrieben, mit dem Unterschied, dass die zu vermischenden Flüssigkeiten verschiedene Viskositäten besaßen. Die Hauptströmung in axialer Richtung bestand aus Zuckerlösung verschiedener Zusammensetzungen (s. Abschnitt 4.6 für die Zusammensetzung und Eigenschaften). Es wurden Zuckerlösungen verwendet, deren dynamische Viskosität um den Faktor 10, 30 und 50 größer war als die Viskosität des Wassers. Als zugegebene Tracer-Lösung wurde eine wässrige Lösung von Rhodamin B benutzt. Es wurden Versuche mit dem großen und dem kleinen Innenzylinder durchgeführt. Der Hauptvolumenstrom wurde zwischen 15 l/h und 27 l/h variiert. Bei Verwendung der hochviskosen Zuckerlösungen waren die Reynoldszahlen entsprechend niedriger, als im Wasser. Um die Vermischung der nicht-isoviskosen Flüssigkeiten mit der isoviskosen Vermischung im gleichen Reynoldszahl-Bereich zu vergleichen, wurden die Referenzversuche mit einer auf Basis der Zuckerlösung hergestellten Tracer-Lösung gleicher Konzentration durchgeführt. Die Kalibrierung wurde auch mit den Zuckerlösungen bekannter Konzentrationen gemacht, sodass die optischen Effekte aufgrund des sich verändernden Brechungsindexes der Flüssigkeit in der Kalibrierung erfasst waren. Alle Versuche sind in der Tabelle B.1 im Anhang B aufgelistet.

Da die Vermischung bei niedrigen Reynoldszahlen langsamer verläuft, war die Geometrie des Versuches in diesem Abschnitt anders, als zuvor. Damit die Konzentration des Tracers in der Aufnahme noch im linearen Bereich der Signalintensität bleibt, musste die Zugabestelle des Tracers weiter nach unten verlegt werden, sodass zwischen der Zugabestelle und dem unteren Rand der Aufnahmen 150 mm lagen. Somit wurde erreicht, dass die Vermischung im Abschnitt der Strömung zwischen der Zugabestelle und der Aufnahme weiter fortgeschritten war, als in den Versuchen im Wasser, und die lokalen Konzentrationen des Tracers dementsprechend niedriger. Trotzdem hat die Konzentration des Tracers in manchen Aufnahmen lokal den Grenzwert von 150 µg/l überschritten. Solche Aufnahmen wurden zur Visualisierung der Vermischung benutzt, aber nicht quantitativ ausgewertet. Sie lieferten zusammen mit den für die Auswertung geeigneten Aufnahmen wertvolle Informationen zur Strömungsstruktur bei niedrigen Reynoldszahlen.

Einige der resultierenden Konzentrationsfelder sind in der Abb. 8.14 und 8.15 präsentiert. Die abgebildeten Versuche wurden mit dem großen Innenzylinder und der Viskosität der Hauptströmung von 0,03 Pa·s (bei 20°C) durchgeführt.

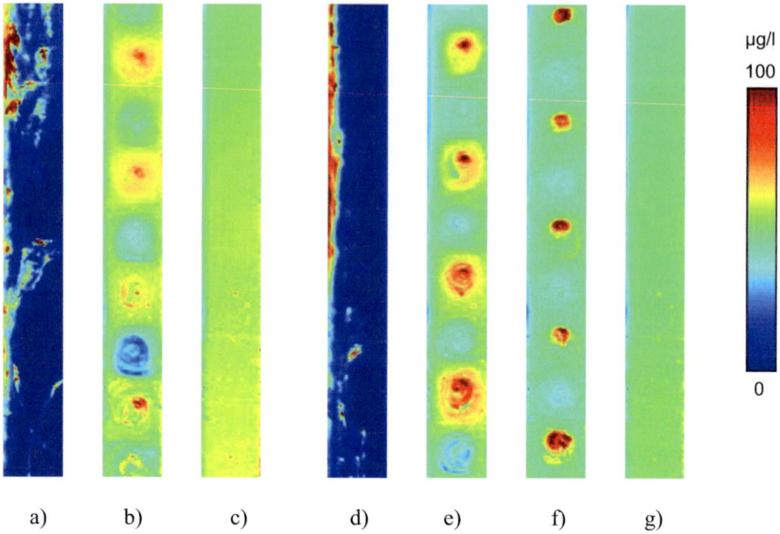

Abb. 8.14. *Konzentrationsfelder* $\eta = 0{,}886$, $\mu_1 = 30 \cdot 10^{-3}$ *Pa·s*, $\mu_2 = 1 \cdot 10^{-3}$ *Pa·s (nicht-isoviskose Vermischung)*
$Re_{ax} = 1{,}5$: a) $Re_\phi = 66{,}8$ b) $Re_\phi = 133{,}6$ c) $Re_\phi = 167{,}0$
$Re_{ax} = 2{,}3$: d) $Re_\phi = 71{,}4$ e) $Re_\phi = 142{,}9$ f) $Re_\phi = 160{,}0$ g) $Re_\phi = 178{,}6$

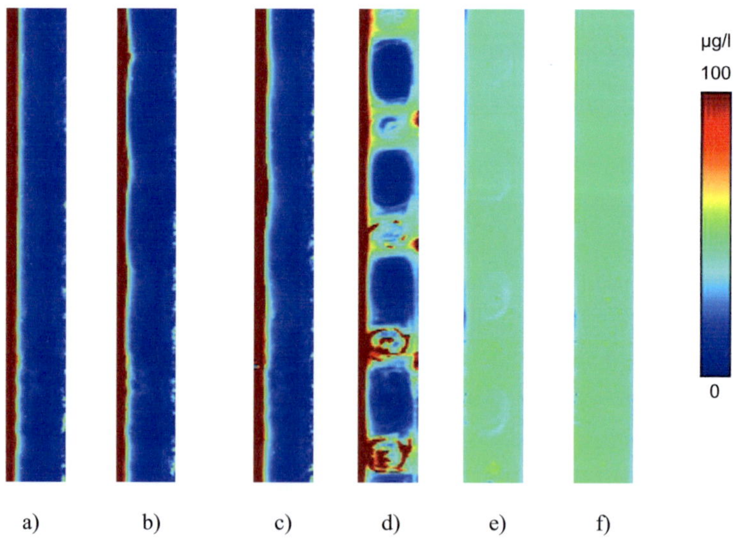

Abb. 8.15. *Konzentrationsfelder* $\eta = 0{,}886$, $\mu_1 = 30 \cdot 10^{-3}$ *Pa·s*, $\mu_2 = 30 \cdot 10^{-3}$ *Pa·s (isoviskose Vermischung)*
$Re_{ax} = 1{,}2$: a) $Re_\phi = 167{,}1$ b) $Re_\phi = 222{,}8$
$Re_{ax} = 1{,}8$: c) $Re_\phi = 167{,}1$ d) $Re_\phi = 222{,}8$ e) $Re_\phi = 250{,}6$ f) $Re_\phi = 278{,}5$

Bei Betrachtung der Konzentrationsfelder können folgende Erkenntnisse zusammengefasst werden. Eine Strömung, die aus zwei verschiedenen Flüssigkeiten besteht, ist hydrodynamisch weniger stabil, als eine homogene Strömung. Der Umschlag zur Wirbelströmung erfolgt in der Abb. 8.14 (nicht-isoviskose Vermischung) bei niedrigeren Reynoldszahlen, als in der Abb. 8.15 (isoviskose Vermischung). Dabei wird die Strömung durch die Anwesenheit einer niedrigviskosen Flüssigkeit destabilisiert. Hinweise darauf wurden auch in der Literatur gefunden [Rozen & Baldyga, 2004]. Des Weiteren, spielt das Verhältnis zwischen den Volumina der zu vermischender Flüssigkeiten für die Stabilität der Strömung eine wichtige Rolle. Dies kann aus der Abb. 8.15 erkannt werden, wo die zugegebene Tracerströmung in den Versuchen a) und b) 3,2% von der Gesamtströmung betrug und in den Versuchen c) bis f) 4,4%. Bei $Re_\phi = 222{,}8$ entspricht die Strömungsstruktur in Versuch b) noch der laminaren Couette-Strömung, wobei in Versuch d) schon die Wirbelströmung sich gebildet hat. Auffällig ist dabei auch die scheinbare Verzögerung des Umschlags zur Wirbelströmung in der homogenen Strömung. Die kritische Reynoldszahl beträgt für die abgebildete Geometrie $Re_{\phi,\mathrm{krit}} = 124{,}2$ und wird durch die niedrigen axialen Reynoldszahlen nicht oder nur gering erhöht. Der Umschlag zur Wirbelströmung erfolgt aber erst bei $Re_\phi/Re_{\phi,\mathrm{krit}} = 1{,}7$. In der nicht-isoviskosen Strömung dagegen ist der Umschlag bereits bei $Re_\phi/Re_{\phi,\mathrm{krit}} = 1{,}05$ beendet. Eine mögliche Erklärung dafür ist die Entstehung der Wirbelzellen zunächst an der Oberfläche des Innenzylinders. Die einzumischende Flüssigkeit strömt nach oben entlang des Außenzylinders, sodass die Wirbelströmung erst eine bestimmte Intensität erreichen muss, um die Fluidschicht am Außenrand einzumischen. Somit erfolgt der Umschlag wie erwartet bei $Re_\phi = Re_{\phi,\mathrm{krit}}$, wird aber erst bei $Re_\phi/Re_{\phi,\mathrm{krit}} = 1{,}7$ sichtbar. Die Deformation der niedrigviskosen Strömungselemente erfordert dagegen weniger Energie und die Wirbelströmung wird deswegen bereits nach dem Umschlag erkennbar.

Die Vermischung in den Wirbelzellen weist die typischen Merkmale einer laminaren Vermischung auf, was den niedrigen Reynoldszahlen entspricht. Die Konzentrationsfelder b) und e) in der Abb. 8.14 lassen die Lamellenstruktur der Strömung deutlich erkennen. Noch besser ist diese Struktur in den Versuchen mit dem kleinen Innenzylinder sichtbar. Einige der Versuchsergebnisse aus dieser Versuchsreihe sind in den Abb. 8.16 (für die Viskosität der Hauptströmung von 0,03 Pa·s) und 8.18 (0,05 Pa·s) gezeigt. Die Bereiche mit höheren lokalen Geschwindigkeiten an der Grenze zwischen den Wirbelzellen werden schneller vermischt, als die Bereiche mit kleinerer Mischintensität in der Mitte der Wirbelzelle. Die Fluidelemente, die in die Mitte einer Wirbelzelle gelangen, behalten somit noch längere Zeit ihre Identität.

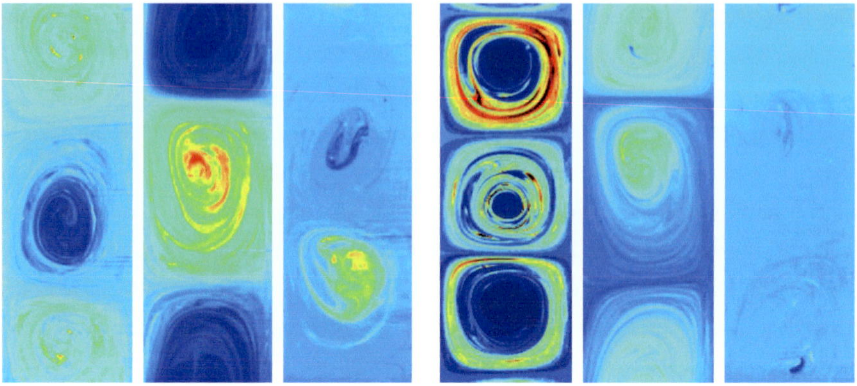

a) b) c) d) e) f)

Abb. 8.16. *Konzentrationsfelder* $\eta = 0{,}63$, $\mu_1 = 30 \cdot 10^{-3}$ *Pa·s*
$\mu_2 = 1 \cdot 10^{-3}$ *Pa·s (nicht-isoviskos)* $Re_{ax} = 2{,}2$: *a)* $Re_\phi = 141{,}6$ *b)* $Re_\phi = 283{,}1$ *c)* $Re_\phi = 424{,}7$
$\mu_2 = 30 \cdot 10^{-3}$ *Pa·s (isoviskos)* $Re_{ax} = 2{,}0$: *d)* $Re_\phi = 128{,}5$ *e)* $Re_\phi = 257{,}1$ *f)* $Re_\phi = 385{,}6$

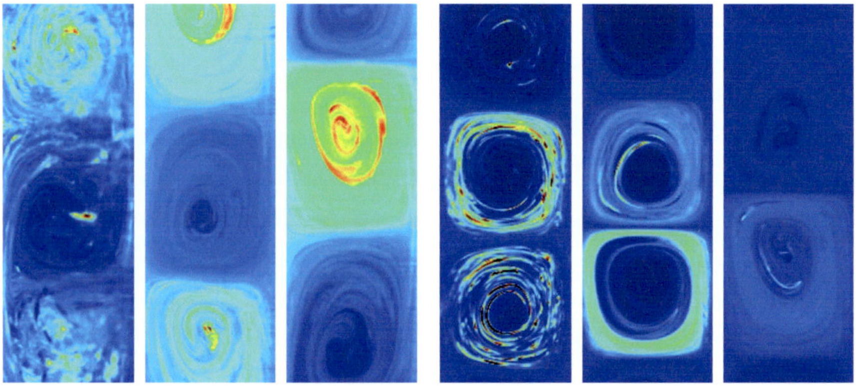

a) b) c) d) e) f)

Abb. 8.17. *Konzentrationsfelder* $\eta = 0{,}63$, $\mu_1 = 50 \cdot 10^{-3}$ *Pa·s*
$\mu_2 = 1 \cdot 10^{-3}$ *Pa·s (nicht-isoviskos)* $Re_{ax} = 1{,}6$: *a)* $Re_\phi = 87{,}6$ *b)* $Re_\phi = 175{,}2$ *c)* $Re_\phi = 262{,}9$
$\mu_2 = 50 \cdot 10^{-3}$ *Pa·s (isoviskos)* $Re_{ax} = 1{,}5$: *d)* $Re_\phi = 78{,}3$ *e)* $Re_\phi = 156{,}7$ *f)* $Re_\phi = 235{,}0$

Eine weitere Beobachtung ist die Zonenstruktur der Strömung, was in Übereinstimmung mit den Erkenntnissen aus der Literatur steht [Desmet et al., 1996 a, b], [Desmet et al., 1997 a, b]. Für die laminare Taylor-Strömung wurde dort ein Zonen-Modell entwickelt, welches die Trennung zwischen dem Wirbelkern und der äußeren Zone der Wirbelzelle beschreibt. Der

Stoffaustausch zwischen den Zonen wird ähnlich wie der Stoffaustausch zwischen den Wirbelzellen durch einen Diffusionskoeffizienten beschrieben. Besonders in der Abb. 8.16 d) und 8.17 d) und e) sind die Zonen (Schichten) in den Wirbelzellen gut zu erkennen. Da die Strömung laminar ist, treten keine Turbulenzen auf und somit besteht keine konvektive Quervermischung zwischen den Schichten. Der Ausgleich der Inhomogenität erfolgt nur durch Dehnung der Fluidlamellen und anschließende molekulare Diffusion. Auch der Abbau der Kontaktgrenzfläche erfolgt durch die Diffusionsvorgänge. Der Abbau der Inhomogenität erfolgt bei einer isoviskosen Vermischung schneller als bei einer nicht-isoviskosen (vgl. Abb. 8.16 c) und f) sowie Abb. 8.17 c) und f)).

Zusammenfassend kann die Strömungsstruktur bei nicht-isoviskoser Vermischung durch folgende Besonderheiten charakterisiert werden. Eine nicht-isoviskose Strömung ist instabiler, der Umschlag zur Wirbelströmung und weitere Übergänge zwischen den Strömungsregimes erfolgen also bei niedrigeren Reynoldszahlen, als in einer homogenen Strömung. Das bedeutet, dass die Einmischung der niedrigviskosen Flüssigkeit in eine hochviskose Umgebung schneller erfolgt, als die Einmischung der hochviskosen Flüssigkeit bei isoviskosen Vermischung. Sobald aber die zugegebene Flüssigkeit in die Hauptströmung aufgenommen wird, läuft die isoviskose Vermischung schneller ab und die Konzentrationsunterschiede werden schneller abgebaut, als beim nicht-isoviskosen Mischvorgang.

8.5. Mesomischzeiten bei nicht-isoviskoser Vermischung

Nachdem im vorherigen Abschnitt einige qualitative Aussagen bezüglich der nicht-isoviskosen Vermischung gemacht werden konnten, werden nun die quantitativen Charakteristiken der Mischvorgänge und vor allem die Mesomischzeiten ermittelt. Alle Konzentrationsfelder, bei denen die Konzentration im linearen Bereich geblieben war, wurden wie im Abschnitt 8.1. beschrieben ausgewertet. Aus den Konzentrationsfeldern wurden nach der Aufteilung in die Bereiche, die einzelnen Wirbelzellen entsprechen, die spezifische Kontaktgrenzfläche Φ zwischen den Fluiden und der Segregationsgrad in den Wirbelzellen berechnet. In der Abb. 8.18 ist der Vergleich zwischen den Werten von Φ in der Wirbelzelle bei $\eta = 0{,}63$ in der Mitte jeder Aufnahme bei iso- und nicht-isoviskosen Vermischung dargestellt.

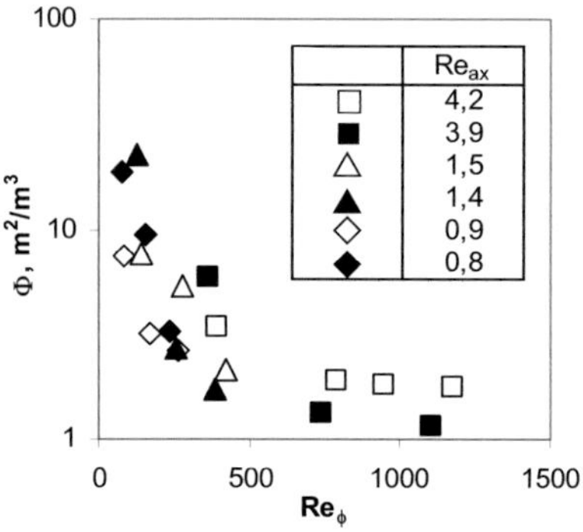

a)

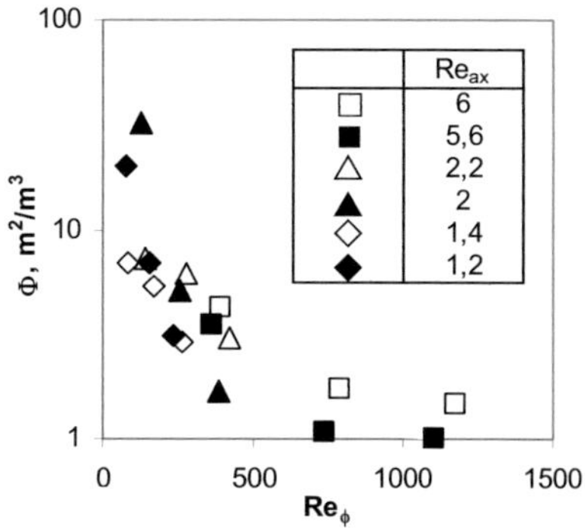

b)

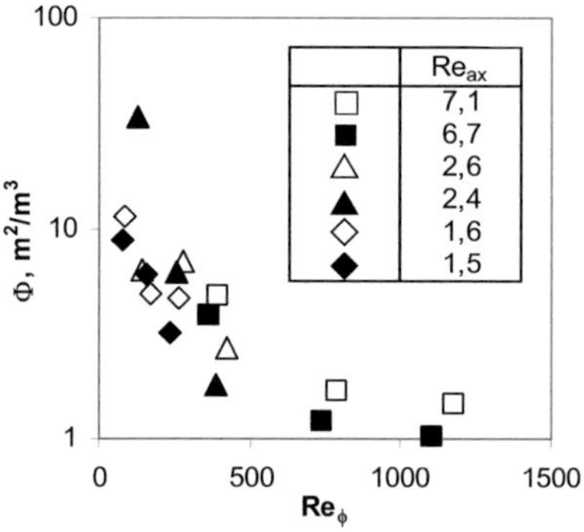

c)

Tabelle 8.3. *Legende zu den Abb. 8.19 - 8.20*

	μ_1, Pa•s	μ_2, Pa•s
□	0,01	0,001
■	0,01	0,01
△	0,03	0,001
▲	0,03	0,03
◇	0,05	0,001
◆	0,05	0,05

Abb. 8.18. *Spezifische Kontaktgrenzfläche bei η = 0,63 und Gesamtvolumenstrom von a) 15 l/h, b) 22 l/h, c) 27 l/h; nicht-isoviskose (offene Symbole) und isoviskose (gefüllte Symbole) Vermischung*

Die Stoffeigenschaften der Flüssigkeit für die Berechnung der dimensionslosen Kennzahlen wie z.B. Reynoldszahl wurden bei einer nicht-isoviskosen Vermischung als solche für die am Ende des Mischvorgangs entstehende homogene Lösung genommen (s. auch Abschnitt 2.6). Die abgebildeten Werte entsprechen jeweils einer Wirbelzelle mit gleicher Entfernung zur Zugabestelle, sodass die Zeit, welche die Strömung bis zur abgebildeten Wirbelzelle gebraucht hat, gleich war. Somit blieb auch die Zeit, die dem Mischvorgang bis zur Aufnahme zur Verfügung stand, um die Inhomogenitäten auszugleichen, gleich. Die Unterschiede zwischen den Werten der charakteristischen Größe der Inhomogenität sind somit allein auf die unterschiedlichen Strömungsbedingungen zurückzuführen. Die Ergebnisse in den Diagrammen zeigen, dass die spezifische Kontaktgrenzfläche im Bereich niedriger Reynoldszahlen bei isoviskoser Vermischung allgemein etwas höher ist, als bei nicht-isoviskoser Vermischung im gleichen Reynoldszahl-Bereich. Bei allen ausgewerteten Versuchen wurde die Tracer-Strömung bereits im Strömungsabschnitt vor der Aufnahme in die Hauptströmung aufgenommen. Die Entstehung der Kontaktgrenzfläche am Anfang des Mischvorgangs lief somit im isoviskosen Fall mit niedrigerer Geschwindigkeit ab, als bei nicht-isoviskoser Vermischung. Dies ist in Übereinstimmung mit den Erkenntnissen aus dem Anschnitt 8.4 über die Strömungsstruktur einer heterogenen Strömung. Demnach erfolgt die Aufnahme in die Hauptströmung und Deformation der eintretenden Fluidelemente bei nicht-isoviskoser Vermischung schneller. Bei größeren Reynoldszahlen dagegen ist die spezifische Kontaktgrenzfläche bei isoviskoser Vermischung kleiner, was auf eine weiter fortgeschrittene Vermischung hindeutet. Der abgebildete Strömungsabschnitt befand sich bei höheren Reynoldszahlen bereits in der zweiten Phase des Mischvorgangs, nämlich beim Abbau der Kontaktgrenzfläche durch molekulare Diffusion. Dieser Vorgang erfolgte bei isoviskoser Vermischung schneller als bei nicht-isoviskoser (s. auch Abschnitt 8.4).

Ähnlich wie im Abschnitt 8.3 wurden für jede Wirbelzelle in der Abbildung die Werte der Segregationsgrade berechnet und anschließend aus der Veränderung der Segregationsgrade zwischen den Wirbelzellen die Mesomischzeiten ermittelt. In der Abb. 8.19 ist der Vergleich zwischen den Werten der dimensionslosen Mesomischzeit bei isoviskoser (gefüllte Symbole) und nicht-isoviskoser (offene Symbole) Vermischung im Reaktor mit kleinem Innenzylinder (η = 0,63) dargestellt. Wie erwartet, werden die Mesomischzeiten bei höheren Reynoldszahlen allgemein kleiner, was eine Intensivierung der Vermischung mit steigender Drehzahl bedeutet. Auch zu erwarten waren die Unterschiede zwischen den Mischzeiten bei iso- und nicht-isoviskoser Vermischung. Die Mesomischzeiten bei nicht-isoviskoser Vermischung sind tendenziell etwas größer, als bei isoviskoser, vor allem bei höheren Reynoldszahlen. Der Abbau der Konzentrationsunterschiede läuft somit in der heterogenen Strömung langsamer.

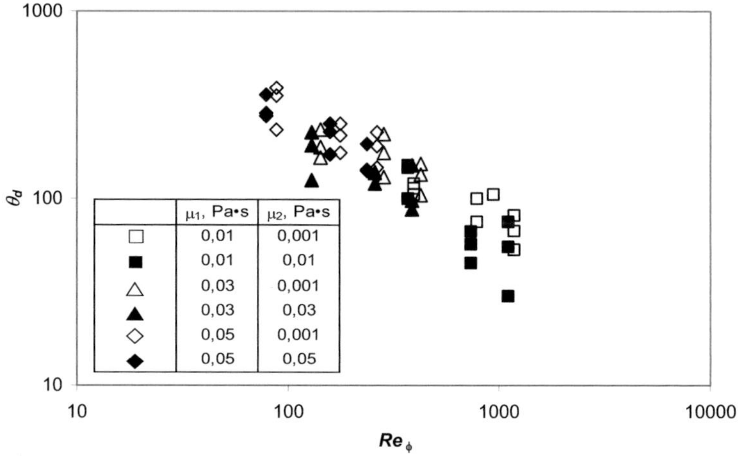

Abb. 8.19. *Mesomischzeiten bei iso- (gefüllte Symbole) und nicht-isoviskoser (offene Symbole) Vermischung bei η = 0,63 und verschiedenen Viskositäten der Strömung*

Anschließend sind in der Abb. 8.20 die dimensionslosen Mesomischzeiten bei isoviskoser Vermischung aus den Abschnitten 8.3 und 8.5 zusammen dargestellt. Aus der Abbildung sind die verschiedenen Steigungen bei Abnahme der Mischzeit mit Erhöhung der Drehgeschwindigkeit zu erkennen. Die Änderung der Steigung erfolgt bei $Re_{\phi,krit}$ = 1100 oder bei Re_ϕ / $Re_{\phi,krit} \approx 20$, was dem Übergang zur turbulenten Strömung entspricht.

Zusätzlich zur Gleichung 8.9 wurde eine Korrelationsgleichung entwickelt, welche die Versuchsergebnisse bei niedrigen Reynoldszahlen mit einer mittleren Abweichung von 19,2% wiedergibt. Die Gleichung wurde nur bei einer Zylindergröße von η = 0,63 an die Messdaten angepasst, deswegen konnte die Abhängigkeit der Mesomischzeit von der Geometrie nicht überprüft werden. Aus diesem Grund wurde die Abhängigkeit in der Form, die bereits in Gleichung 8.9 vorkommt, übernommen. Die Gleichung für die Mesomischzeiten im Bereich kleiner Reynoldszahlen lautet wie folgt:

$$\theta_d = 1{,}4 \cdot 10^4 \cdot \frac{(1-\eta)}{\eta^{1,6}} \cdot Re_\phi^{-0,8} \qquad (Re_\phi < 20 \cdot Re_{\phi,krit}) \tag{8.10}$$

Der Gültigkeitsbereich der Gleichung 8.9 ist somit auf $Re_\phi > 20 \cdot Re_{\phi,krit}$ beschränkt. Beide Korrelationen sind in der Abb. 8.20 zusammen mit den experimentellen Ergebnissen aufgetragen. Für die untersuchte Geometrie weisen die Korrelationen eine gute Übereinstimmung mit den experimentellen Daten auf.

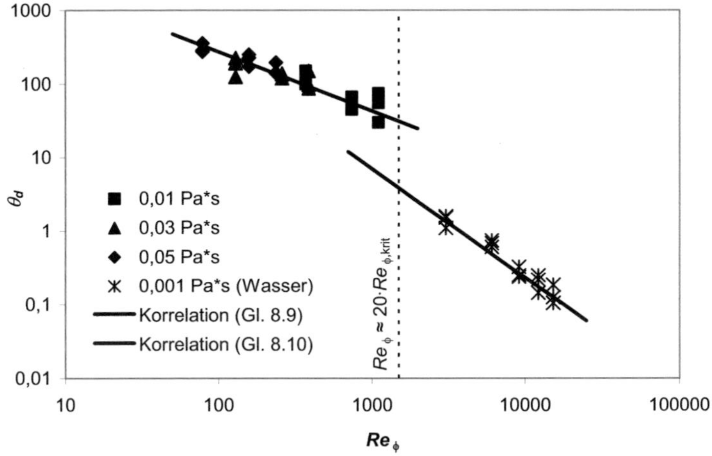

Abb. 8.20. *Mesomischzeiten bei isoviskoser Vermischung bei $\eta = 0{,}63$*

9. Zusammenfassung und Ausblick

9.1. Zusammenfassende Darstellung eines Mischvorgangs

Die Mischvorgänge in der Taylor-Couette Strömung wurden in den vorherigen Kapiteln auf verschiedenen Größenskalen untersucht. Nun kann der Ablauf eines Mischvorgangs im Reaktor als Zusammenhang der nacheinander folgenden Teilvorgänge dargestellt werden. Als Anfang des Mischvorgangs wird immer der Zeitpunkt des Eintritts eines Fluidelements mit unterschiedlicher Konzentration in die im Reaktor vorliegende Flüssigkeit bezeichnet. Das Fluidelement tritt erst in eine der Wirbelzellen ein und wird auf Makroebene aufgrund der axialen Vermischung zwischen den Wirbelzellen verteilt. Der Austausch zwischen den benachbarten Wirbelzellen und somit die Vermischung entlang des Spaltes in axialer Richtung wird als Makrovermischung bezeichnet. Sobald das Fluidelement eine Wirbelzelle betritt, fängt parallel zur Makrovermischung die Mesovermischung an. Dies bedeutet, dass das Fluidelement ins Innere der Wirbelzelle eingemischt wird. Dabei erfolgt eine Deformation des Fluidelements, indem es konvektiv in immer kleinere Elemente aufgeteilt wird. Wenn die segregierten Bereiche klein genug werden, sodass die Diffusionslänge vergleichbar zu deren Größe ist, erfolgt der endgültige Konzentrationsausgleich durch molekulare Diffusion, d.h. durch die Mikrovermischung. Damit ist der gesamte Mischvorgang abgeschlossen.

Bei der Einmischung des Fluidelements in das Innere der Wirbelzelle ist die Größe der Inhomogenitäten und der Segregationsgrad am Anfang maximal. Durch die Zerkleinerung der segregierten Bereiche wird die spezifische Kontaktgrenzfläche zwischen den Fluiden immer größer, dabei wird sich der Segregationsgrad zunächst nicht ändern. Erst wenn die segregierten Bereiche klein genug werden, sodass die Mikrovermischung an Bedeutung gewinnt, nimmt der Segregationsgrad schnell ab. Die Kontaktgrenzfläche ist in diesem Moment am größten. Bei fortschreitender Mikrovermischung wird sie dann immer kleiner, bis in der homogenen Lösung die gesamte Flüssigkeit als einziges Fluidelement auftritt und die Kontaktgrenzfläche sowie der Segregationsgrad gegen Null gehen. Dieser Vorgang ist in der Abbildung 9.1 für den großen Innenzylinder dargestellt.

In der Abbildung ist der Vergleich zwischen dem Ablauf der Mesovermischung bei verschiedenen Drehzahlen des Innenzylinders gezeigt. Es sind die Werte der spezifischen Kontaktgrenzfläche Φ und des Segregationsgrades SG in den Wirbelzellen bei verschiedenen Strömungsbedingungen in einem Diagramm dargestellt (vgl. Abb. 8.7 und 8.10). In der Abbildung kann man verfolgen, wie der Segregationsgrad und die spezifische Kontaktgrenzfläche abnehmen und sich ihrem minimalen Wert annähern. Die Mesovermischung läuft, wie bereits im Kapitel 8 festgestellt worden war, bei höheren Drehzahlen schneller, als bei niedrigeren ab.

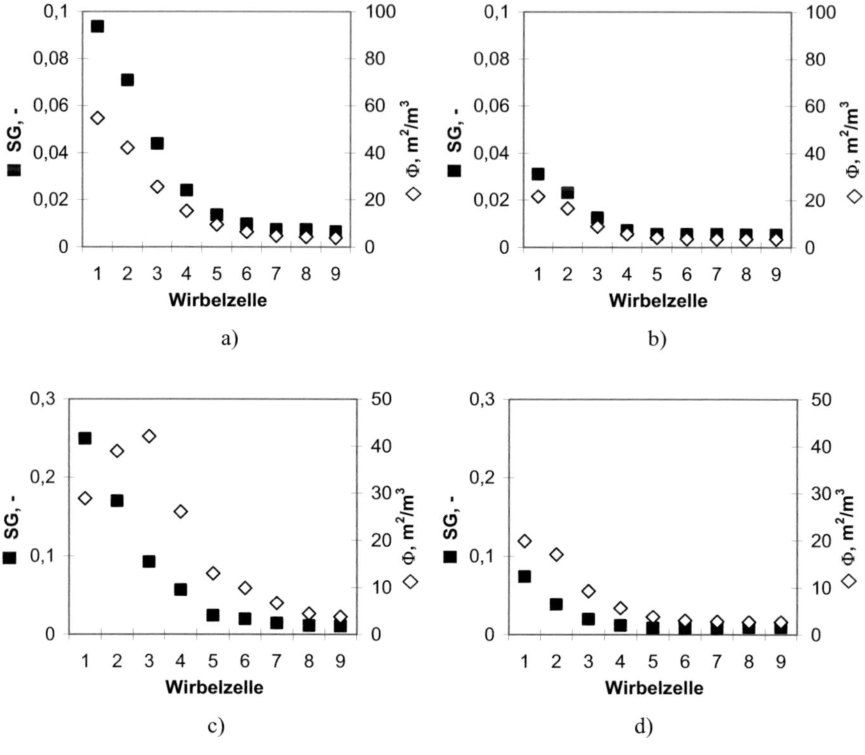

Abb. 9.1. *Spezifische Kontaktgrenzfläche und Segregationsgrad bei $\eta = 0,886$*
$Re_{ax} = 14,5$: a) $Re_\phi = 1322,1$ b) $Re_\phi = 2644,3$; $Re_{ax} = 37,7$: a) $Re_\phi = 1322,1$ b) $Re_\phi = 2644,3$

Interessant ist dabei der Zusammenhang zwischen den Werten von Segregationsgrad und der spezifischen Kontaktgrenzfläche. Wie aus der Abbildung 9.1 zu sehen ist, entsprechen die hohen Werte von Φ der höheren Dissipationsrate des Segregationsgrades. Dies bedeutet, dass wenn die segregierten Bereiche in der Strömung am kleinsten sind, und die Kontaktgrenzfläche zwischen den zu vermischenden Flüssigkeiten dementsprechend am größten, der Abbau der Inhomogenität am schnellsten erfolgt. Mit der Abnahme der spezifischen Kontaktgrenzfläche wird die Vermischung immer langsamer, was in den Abbildungen bei den letzten Wirbelzellen stromabwärts zu sehen ist. Wenn nun die Werte von der spezifischen

Kontaktgrenzfläche als Funktion des Segregationsgrades aufgetragen werden, was in der Abb. 9.2 dargestellt ist, ergeben sie eine eindeutige lineare Abhängigkeit für den gegebenen axialen Volumenstrom. Ähnliche Abhängigkeiten ergeben sich auch für die beiden anderen Zylindergrößen.

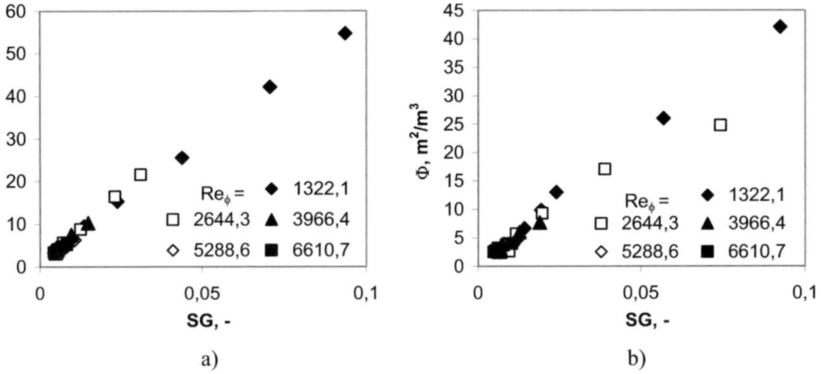

Abb. 9.2. *Zusammenhang zwischen der spezifischen Kontaktgrenzfläche und dem Segregationsgrad bei $\eta = 0{,}886$ a) $Re_{ax} = 14{,}5$ b) $Re_{ax} = 37{,}7$*

Ein linearer Zusammenhang zwischen diesen zwei Größen kann durch einen Vergleich deren Definitionen nach Gl. 2.9 mit Gl. 2.10 (oder Gl. 8.1) erklärt werden. Beide Größen sind aus der Differenz der lokalen Konzentrationen berechnet worden: Segregationsgrad aus der Differenz zwischen lokalen Konzentrationen und der mittleren Konzentration im Volumen, und spezifische Kontaktgrenzfläche aus den Differenzen zwischen den Konzentrationen in benachbarten Fluidelementen. Wird nun davon ausgegangen, dass die lokalen Konzentrationen gleichermaßen in positive und negative Richtungen von der mittleren Konzentration abweichen, muss die spezifische Kontaktgrenzfläche linear vom Segregationsgrad abhängen, mit einem Vorfaktor, der durch die örtliche Auflösung der experimentellen Aufnahmen definiert ist.

Um dies zu überprüfen, wurde die experimentellen Punkte für alle Versuche mit Wasser als Medium im selben Koordinatenraum aufgetragen – und sind in der Abb. 9.3 präsentiert. Dabei sind die Ergebnisse für alle Drehzahlen bei gleichem Volumenstrom und gleicher Geometrie in jeweils einer Datenreihe zusammengefasst. Wie es aus der Abbildung folgt, ergeben sich dabei Abhängigkeiten mit fast gleicher Steigung.

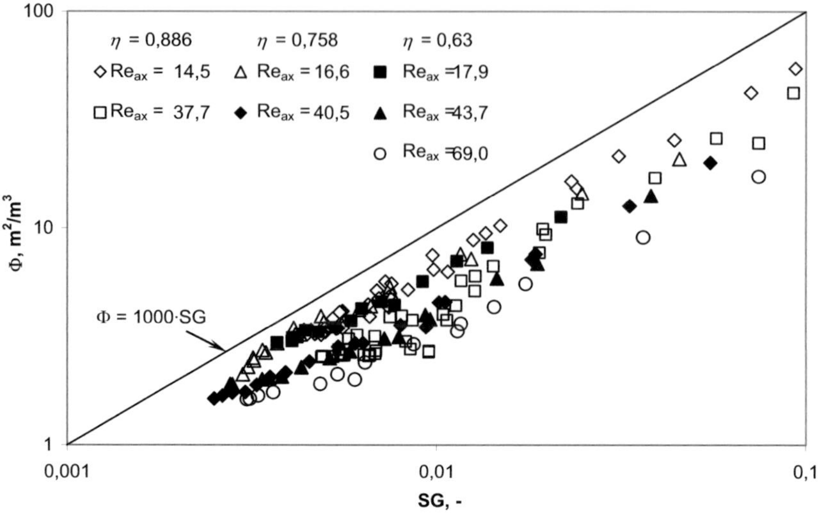

Abb. 9.3. *Zusammenhang zwischen den Definitionen der spezifischen Kontaktgrenzfläche und des Segregationsgrades (für alle Versuche)*

Zum Vergleich ist im Diagramm eine Gerade, die der Gleichung $\Phi = 1000 \cdot SG$ entspricht, aufgetragen. Dies ist der Faktor, der sich aus der Umrechnung der Kontaktgrenzfläche in die Einheit [m²/m³] aus der ursprünglichen Einheit [mm/mm²] ergibt. Somit kann zur Beurteilung des Mischzustandes und dessen Veränderung mit der Zeit neben Segregationsgrad auch die Kontaktgrenzfläche verwendet werden.

9.2. Vergleich der Makro-, Meso- und Mikromischzeiten

Um die Beschreibung der Vermischung in der Taylor-Couette Strömung abzuschließen, werden im folgenden Abschnitt bei gleicher Geometrie die Zeitskalen der Vermischung auf verschiedenen Ebenen miteinander verglichen. Dies ist eine Zusammenführung der Ergebnisse aus den Kapiteln 5, 7 und 8, welche die Mikro-, Meso- und Makromischzeiten als Funktion der Geometrie und der Prozessparameter beschreiben.

Im Kapitel 5 wurden Gl. 5.11 – 5.13 zur Berechnung der Mikromischzeiten ausgehend aus den Prozessparametern wie Drehgeschwindigkeit des Innenzylinders, Viskosität der Flüssigkeit und Geometrie aufgestellt:

$$G = 2{,}13 \cdot \frac{\eta^{3/2}}{(1-\eta)^{7/4}} \cdot Re_\phi^{1{,}445} \qquad 800 < Re_\phi < 10^4 \tag{9.1a}$$

$$G = 0{,}113 \cdot \frac{\eta^{3/2}}{(1-\eta)^{7/4}} \cdot Re_\phi^{1{,}764} \qquad 10^4 < Re_\phi < 3{,}4 \cdot 10^4 \tag{9.1b}$$

$$\varepsilon = \frac{G \cdot \nu^2 \cdot \omega}{\pi \cdot d \cdot (R_a + R_i)} \tag{9.1c}$$

$$t_\mu = \sqrt{\frac{\nu}{\varepsilon}} \tag{9.1d}$$

Zum Vergleich werden hier die Mikromischzeiten bei einer Viskosität der Flüssigkeit von $1 \cdot 10^{-6}$ m²/s berechnet. Die Mischzeiten werden separat für drei Zylindergrößen als Funktion der Rotations-Reynoldszahl jeweils auf einem Diagramm dargestellt. Die Mesomischzeiten nach Gl. 8.9 – 8.10 werden wie folgt berechnet:

$$\theta_d = 2{,}5 \cdot 10^5 \cdot \frac{1-\eta}{\eta^{1{,}6}} \cdot Re_\phi^{-1{,}48} \qquad (Re_\phi < 20 \cdot Re_{\phi,\mathrm{krit}}) \tag{9.2a}$$

$$\theta_d = 1{,}4 \cdot 10^4 \cdot \frac{(1-\eta)}{\eta^{1{,}6}} \cdot Re_\phi^{-0{,}8} \qquad (Re_\phi > 20 \cdot Re_{\phi,\mathrm{krit}}) \tag{9.2b}$$

$$t_d = \theta_d \cdot t_i = \theta_d \cdot \frac{60}{n} \tag{9.2c}$$

Für die Grenze der Gültigkeitsbereiche wird die kritische Reynoldszahl ohne axiale Strömung genommen. In den gleichen Diagrammen werden auch die Makromischzeiten aufgetragen. Die Makromischzeiten werden mit Hilfe der Gl. 7.12 aus den axialen Dispersionskoeffizienten nach Gl. 7.8 entsprechend dem turbulenten Strömungsregime und nach Gl. 7.9 für das Wellenregime im Wasser berechnet. Dabei wird eine axiale Reynoldszahl von 1 fürs turbulente Regime angenommen. Die Grenze zwischen den Regimes wurde bei $Re_{ax} = 1$ nach Gl. 7.10 zu $Re_\phi \approx 20 \cdot Re_{\phi,krit}$ festgelegt.

$$\frac{D_{ax}}{\nu} = 2 \cdot 10^{-3} \cdot \eta^{-1,75} \cdot Re_\phi^{1,25} \quad \text{(Wellenregime, } Re_\phi < 20 \cdot Re_{\phi,krit}\text{)} \tag{9.3a}$$

$$\frac{D_{ax}}{\nu} = 2{,}4 \cdot 10^{-1} \cdot \eta^{-1} \cdot Re_\phi^{0,57} \cdot Re_{ax}^{0,25} \quad \text{(turbulentes Regime, } Re_\phi > 20 \cdot Re_{\phi,krit}\text{)} \tag{9.3b}$$

$$t_m = \frac{2 \cdot d^2}{D_{ax}} \tag{9.3c}$$

Alle Mischzeiten sind in der Abb. 9.4 präsentiert. Die Mischzeiten wurden für die Bereiche der Rotations-Reynoldszahlen berechnet, für welche die experimentellen Untersuchungen durchgeführt und die Korrelationen aufgestellt wurden.

In den Abb. 9.4 a), b) und c) sind die Mischzeiten für die drei Innenzylinder bei höheren Reynoldszahlen präsentiert. Wie es aus den Abbildungen folgt, nehmen alle drei Mischzeiten mit steigender Reynoldszahl unterschiedlich schnell ab. Die Reynoldszahlen entsprechen in allen drei Fällen dem turbulenten Regime für die Mesovermischung und für die Makrovermischung (Gl. 9.2 b bzw. 9.3 b), was eine konstante Steigung der Geraden im betrachteten Drehzahlbereich bedeutet. Bei der Mikrovermischung liegt die Grenze zwischen den Bereichen mit unterschiedlicher Steigung bei $Re_\phi = 10^4$ und ist somit in der Mitte des untersuchten Reynoldszahl-Bereiches. Die Änderung der Steigung ist dabei gering.

Wie es bereits in den früheren Kapiteln festgestellt wurde, sind die Makromischzeiten von allen Mischzeiten am längsten. Die Mesomischzeiten sind wesentlich kürzer, und am schnellsten läuft die Mikrovermischung ab. Die Mesovermischung limitiert somit die Mikrovermischung, und die Makrovermischung bestimmt die Geschwindigkeit, mit welcher die Mesovermischung erfolgt. Würde man nun die Korrelationsgeraden in die Richtung der höheren Reynoldszahlen extrapolieren, so würden die Geraden für Meso- und Mikromischzeiten sich schneiden. Dies bedeutet, dass die Mesovermischung bei sehr hohen Reynoldszahlen schneller erfolgt, als der darauf folgende Abbau der Konzentrationsgradienten durch Diffusion. Die feinen turbulenten Strukturen bilden sich aufgrund der hohen Turbulenzintensität sehr schnell, die Zähigkeitskräfte verhindern aber bei den kleinen Strukturen deren schnellen Abbau, und die molekulare Diffusion bleibt von der Turbulenz weitgehend unbeeinflusst. Somit würde eine weitere Erhöhung der Drehzahl nicht mehr zur Erhöhung der Mischungsrate beitragen können. Sollte diese notwendig sein, müssen andere Möglichkeiten zur Prozessintensivierung gefunden werden.

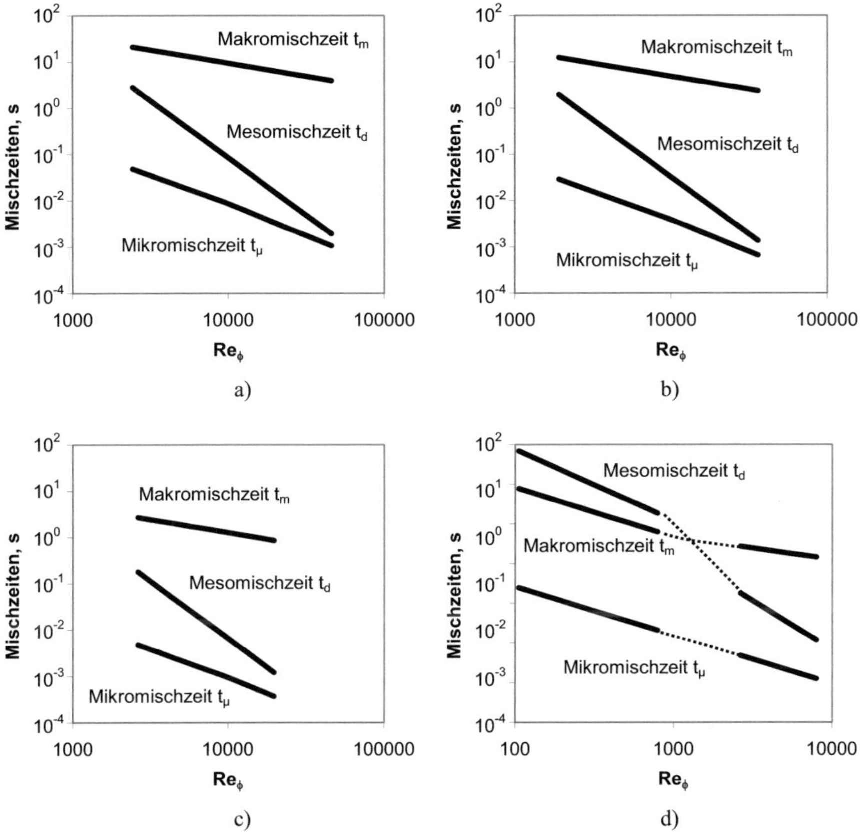

Abb. 9.4. *Mischzeiten bei: a) $\eta = 0{,}63$ b) $\eta = 0{,}758$ c) $\eta = 0{,}886$ d) $\eta = 0{,}886$ (kleinere Reynoldszahlen)*

Eine Extrapolation der Korrelationen in die Richtung niedriger Reynoldszahlen zeigt ein anderes Verhalten der Strömung auf. In der Abb. 9.4 Teil d) sind die Ergebnisse einer Berechnung der Mischzeiten für den großen Innenzylinder bei niedrigen Reynoldszahlen mit Hilfe der Gl. 9.2a bzw. 9.3a dargestellt. Die Mesomischzeiten sind in diesem Strömungsabschnitt größer als die Makromischzeiten (da die genaue Form des Übergangsbereiches unbekannt ist, ist dieser durch eine Strichlinie gezeigt). Somit ist die Mesovermischung limitierend für den gesamten Mischvorgang.

9.3. Potenzial eines Taylor-Couette Reaktors als Strömungsmischer

Für eine optimale Prozessführung und um die gewünschten Produkteigenschaften zu erreichen, ist es wichtig, die Betriebsbedingungen den gestellten Anforderungen anzupassen. Dazu gehört nicht nur die richtige Wahl der Prozessparameter, sondern auch deren schnelle Änderung im Falle einer Störung oder Veränderung der Eingangsgrößen, sodass eine konstante Produktqualität erzielt werden kann. Ein Prozess kann nur dann richtig ausgelegt und optimal gesteuert werden, wenn die Zusammenhänge zwischen den eingestellten Parametern, den Zustandsgrößen und den Produkteigenschaften eindeutig geklärt wurden.

Für die Prozesse, die in Flüssigkeiten und auch in Gasphase erfolgen, ist die Vermischung eine der wichtigsten Operationen, die den gesamten Ablauf bestimmen können. In dieser Arbeit wurde ein Versuch unternommen, die Gesetzmäßigkeiten der Vermischung in der Taylor-Couette Strömung soweit aufzuklären, dass der Ablauf einer chemischen Reaktion unter den sich aus den Prozessparametern ergebenden Mischbedingungen vorhergesagt werden kann. Somit kann bei einer Reaktion, die durch die Vermischung beeinflusst ist, die Zusammensetzung der Produkte ermittelt werden. Daraus ergibt sich die Möglichkeit, die umgekehrte Aufgabe der Prozessoptimierung zu lösen, wenn die Prozessbedingungen für die gewünschte Produktqualität gewählt werden müssen.

Als Ergebnis der durchgeführten Untersuchungen wurden die Abhängigkeiten der Mischzeiten auf verschiedenen Größenskalen von den Prozessparametern ermittelt. Basierend auf den erzielten Korrelationen kann ein rechnerisches Modell für die Vorhersage des Ablaufs einer chemischen Reaktion bei Vermischung iso- und nicht-isoviskoser Flüssigkeiten entwickelt werden. Zur rechnerischen Modellierung dieser Reaktion soll die Strömung im Reaktor als Rührkesselkaskade aus Wirbelzellen dargestellt werden, die vom Hauptvolumenstrom durchströmt ist. So erfolgt die Diskretisierung des Modells hinsichtlich Volumen (Volumen der Wirbelzelle) und Zeit (Verweilzeit in der Wirbelzelle). Jede Wirbelzelle enthält ursprünglich die gleiche Menge des ersten Reaktands, der zur Reaktion notwendig ist. In eine dieser Wirbelzellen wird ein kleinerer (im Verhältnis zum Hauptvolumenstrom) Volumenstrom eines zweiten Reaktands zudosiert. Der resultierende Volumenstrom wird an die nächste Wirbelzelle weiter gegeben. Die Rückvermischung zwischen den Wirbelzellen erfolgt dabei durch die axiale Dispersion entsprechend den Gl. 9.3a – 9.3c. Somit können die durchschnittlichen Konzentrationen in jeder Wirbelzelle (zunächst ohne Reaktion) berechnet werden, was die Umgebung für die Reaktion bestimmt. Der Ablauf der Reaktion in jeder Wirbelzelle erfordert weitere Modellierung der Meso- und Mikroebene.

Aus der Literatur sind zwei Gruppen von Modellen für die Beschreibung der effektiven Reaktionsgeschwindigkeit unter nicht idealen Mischbedingungen bekannt [Baldyga & Bourne, 1999]. Diese Modelle beschreiben die effektive Reaktionsgeschwindigkeit (Definition s. z.B. [Fitzer et al., 1995]) für schnelle chemische Reaktionen für den Fall, dass die Mesovermischung den limitierenden Schritt für die Reaktion darstellt. Die erste Gruppe nutzt die Kontaktfläche (Mischungsgrenzschicht, mixing layer) zwischen den Flüssigkeiten als Umgebung, in welcher die Reaktion abläuft. Die zweite Gruppe von Modellen beinhaltet PDF- Modelle, die den Segregationsgrad als Maß für die Vollständigkeit der Mischung benutzen. Beide Gruppen von Modellen können verwendet werden, um die effektive Reaktionsgeschwindigkeit einer vermischungslimitierten Reaktion vorherzusagen. Aus den Experimenten sind die Abhängigkeiten des Segregationsgrades und somit der Verteilung der lokalen Konzentrationen, sowie der Kontaktgrenzfläche zwischen den Fluiden, von den Versuchsparametern bekannt. Wenn also eine solche Korrelation für die Berechnung der Kontaktgrenzfläche oder des Segregationsgrades existiert, kann die effektive Reaktionsgeschwindigkeit in Abhängigkeit von diesen Parametern ebenfalls berechnet werden. Die Formel für die Reaktionsrate in Abhängigkeit vom Segregationsgrad sind beispielsweise in [Baldyga & Bourne, 1999] zu finden. Der Vergleich zwischen der limitierenden Zeit (Mikromischzeit t_{μ} oder Mesomischzeit t_d) und der charakteristischen Zeit der Reaktion (Geschwindigkeitskonstante) erfolgt üblicherweise in Form der sog. Damköhler-Zahl [Baldyga & Bourne, 1999], [Fournier et al., 1996b]. Die Reaktionskinetik muss dabei bekannt sein, sodass die Berechnung der Reaktionsgeschwindigkeit mit Hilfe eines der Modelle und der Korrelationen für die Mischzeiten direkt möglich ist. So kann die Zusammensetzung der Produkte und der Umsatz der Reaktion im Inneren der Wirbelzelle vorhergesagt werden.

Wenn eine Intensivierung der Vermischung gewünscht ist, bedeutet das im Falle eines konventionellen Reaktors eine Erhöhung der Drehzahl des Rührers und die Verkürzung gleichzeitig aller Mischzeiten. Der große Vorteil der Taylor-Couette Strömung ist die Möglichkeit, die Mischzeiten auf verschiedenen Größenskalen getrennt voneinander zu beeinflussen. Aus der Abb. 9.4 folgt, dass die Änderung der Reynoldszahl die Mischzeiten unterschiedlich betrifft. Die Mesomischzeit ist gegenüber einer Änderung der Drehgeschwindigkeit am empfindlichsten. Die Makromischzeit ist dagegen in der turbulenten Strömung von der Drehzahl am wenigsten beeinflusst. Dies bedeutet, dass die Kaskadenstruktur der Strömung auch bei höheren Drehzahlen erhalten bleibt. Die Rückvermischung zwischen den Wirbelzellen nimmt im Vergleich zur Erhöhung der Mischintensität im Inneren der Wirbelzelle nur gering zu. Dies kann zur Anpassung der Prozessbedingungen ausgenutzt werden.

Ein weiteres Merkmal der Taylor-Couette Strömung ist die gleichmäßige Verteilung der Mischintensität in den Wirbelzellen auch bei höheren Drehzahlen. Im konventionellen Rührkessel entstehen bei hohen Drehgeschwindigkeiten des Rührers Gebiete nah bei den Rührerblättern, wo die Mischintensität um Größenordnungen den Mittelwert im Gesamtvolumen überschreitet. Dies hat meistens einen negativen Effekt auf die Reaktion, weil dabei größere Anteile der Flüssigkeit, die weiter von Rührer entfernt sind, weitgehend unvermischt bleiben. Sollte die Strömung fragile Partikeln enthalten, so werden sie in den Zonen mit hoher Mischintensität vermehrt aufeinander stoßen und können dabei zerbrechen. In der Taylor-Couette Strömung sind die Mischbedingungen diesbezüglich viel günstiger. Das gesamte Flüssigkeitsvolumen ist gleichmäßig in die Vermischung einbezogen, und es entstehen keine Spitzenwerte der Mischintensität.

Zu den hydrodynamischen Vorteilen kommt die erhöhte Wärmeaustauschfläche des Reaktors im Verhältnis zum Reaktorvolumen. Solche Eigenschaften machen den Taylor-Couette Reaktor zu einer attraktiven Alternativlösung für die Durchführung verschiedener Prozesse, vor allem der Herstellung fester Phasen oder der heterogenen Katalyse.

Symbolverzeichnis

Lateinische Buchstaben

a	-	Koeffizient in Korrelationen
A	m^2	Fläche
b	-	Koeffizient in Korrelationen
c	$\frac{J}{kg \cdot K}$	Wärmekapazität
C	g/L oder kg/m^3	Konzentration
d	m	Spaltbreite zwischen den Zylindern
D	m	Durchmesser
D	m^2/s	Diffusionskoeffizient
E	$\frac{J}{kg \cdot m}$	Kinetische Energie turbulenter Strukturen
f	-	Dimensionslose Konzentration
f	-	Anteil an Rückvermischung im Zellenmodell der Strömung
g	m/s^2	Erdbeschleunigung
G	-	Dimensionsloses Drehmoment des Innenzylinders
H	m	Höhe des Reaktors
k	m^{-1}	Wellenzahl
k	s^{-1}	Geschwindigkeitskonstante (chemische Reaktion 1. Ordnung)
l	m	Hebellänge bei der Messung des Drehmoments
L	m	Charakteristische Länge
m	mol/kg Wasser	Molare Beladung einer Lösung
M	kg	Masse
n	min^{-1}	Drehzahl
N	-	Anzahl der Zellen im Zellenmodell der Strömung
P	W	Leistung
r	m	Koordinate in radialer Richtung
R	m	Radius
s	m	Dicke des Laserlichtschnittes
SG	-	Segregationsgrad
t	s	Zeit
T	K	Temperatur
T	J	Drehmoment des Innenzylinders

u	m/s	Strömungsgeschwindigkeit
V	m^3	Volumen
$\dot{V}$	m^3/s	Volumenstrom
x	m	Abstand, örtliche Auflösung
x	m	Koordinate in rechteckigem Koordinatensystem
y	m	Koordinate in rechteckigem Koordinatensystem
z	m	Koordinate in axialer Richtung (auch in rechteckigem Koordinatensystem)

Griechische Buchstaben

α	-	Modellkonstante im Energiespektrum
α	-	Exponent in den Korrelationen
β	-	Modellkonstante im Energiespektrum
β	-	Exponent in den Korrelationen
δ	M	Größe des einzelnen Pixels in den Abbildungen
Δ	-	Differenz
ε	W/kg	Dissipationsrate der turbulenten kinetischen Energie
γ	-	Exponent in den Korrelationen
Γ	-	Verhältnis zwischen der Spaltbreite und Länge des Reaktors
η	-	Verhältnis zwischen den Radien des Innen- und Außenzylinders
ϕ	m	Koordinate in tangentialer Richtng
Φ	m^2/m^3	Potenzial für diffusives Mischen
λ	$\frac{W}{m \cdot K}$	Wärmeleitfähigkeit
λ	m	Größe turbulenter Strukturen
Λ	m	Größe der größten Turbulenzstrukturen in der Strömung
μ	Pa·s	Dynamische Viskosität
ν	m^2/s	Kinematische Viskosität
θ	-	Dimensionslose Zeit
ρ	kg/m^3	Dichte
σ	-	Abweichung vom Mittelwert
τ	s	Relaxationszeit
ω	rad/s	Winkelgeschwindigkeit des Innenzylinders

Dimensionslose Kennzahlen

$Ar =$	$\frac{g \cdot L^3 \cdot \rho_0 \cdot (\rho - \rho_0)}{\mu^2}$	Archimedes-Zahl
$Ne =$	$\frac{P}{\rho \cdot \omega^3 \cdot R_i^4 \cdot H}$	Newton-Zahl
$Re_\phi =$	$\frac{\omega \cdot R_i \cdot d}{\nu}$	Rotations-Reynoldszahl
$Re_{ax} =$	$\frac{u_{ax} \cdot 2d}{\nu}$	Axiale Reynoldszahl
$St =$	$\frac{D_P^2 \cdot \rho_P \cdot u}{18 \cdot \mu \cdot L}$	Stokes-Zahl
$T =$	$\frac{2 \cdot \omega^2 \cdot \eta^2 \cdot d^4}{(1-\eta^2) \cdot \nu^2}$	Taylor-Zahl (Sonderform)
$Ta =$	$\frac{\omega \cdot R_i \cdot d}{\nu} \cdot \sqrt{\frac{d}{R_i}}$	Taylor-Zahl

Indizes

$krit$	Kritisch – Übergang zur Wirbelströmung	Z	Wirbelzelle
ϕ	Tangentiale Richtung	m	Makrovermischung
ax	Axiale Richtung	μ	Mikrovermischung
i	Innenzylinder	d	Mesovermischung
a	Außenzylinder	A	Komponente oder Stoff A
min	Minimaler Wert	B	Komponente oder Stoff B
max	Maximaler Wert	j	Zellennummer
0	Anfangswert	V	Volumen
K	Kolmogorov Zeit- oder Längeskala	p	Druck, isobar
D	Driftgeschwindigkeit	P	Partikel

Literaturverzeichnis

Adrian R.J. Exp. In Fluids 39 (**2005**), 159-169
Twenty years of particle image velocimetry

Ameer G.A., Harmon W., Sasisekharan R., Langer R., Biotechnol. Bioeng. 62 (**1999 a**) 5, 602-608
Investigation of a Whole Blood Fluidized Bed Taylor-Couette Flow Device for Enzymatic Heparin Neutralization

Ameer G.A., Raghavan S., Sasisekharan R., Harmon W., Cooney C.L., Langer R., Biotechnol. Bioeng 63 (**1999 b**) 5, 618-624
Regional Heparinization Via Simultaneous Separation and Reaction in a Novel Taylor-Couette Flow Device

Ameer G.A., Grovender E.A., Obradovic B., Cooney C.L., Langer R., AIChE Journ. 45 (**1999 c**) 3, 633-638
RTD analysis of a novel Taylor-Couette flow device for blood detoxication

Andereck C.D., Liu S.S., Swinney H., J. Fluid Mech. 164 (**1986**), 155-183
Flow regimes in a circular Couette system with independently rotating cylinders

Baier G., **1999**, PhD Thesis, University of Wisconsin-Madison
Liquid-Liquid Extraction Based on a New Flow Pattern: Two-Fluid Taylor-Couette Flow

Baier G., Graham M.D., Lightfoot E.N., AIChE Journ. 46 (**2000**) 12, pp. 2395-2407
Mass transport in a novel two fluid Taylor vortex extractor"

Baldyga J., Bourne J.R., Chem. Eng. Commun. 28 (**1984 a**), 231-241
A fluid mechanical approach to turbulent mixing and chemical reaction. I. Inadequacies of available methods

Baldyga J., Bourne J.R., Chem. Eng. Commun. 28 (**1984 b**), 243-258
A fluid mechanical approach to turbulent mixing and chemical reaction. II. Micromixing in the light of turbulence theory

Baldyga J., Bourne J.R., Chem. Eng. Commun. 28 (**1984 c**), 259-281
A fluid mechanical approach to turbulent mixing and chemical reaction. III. Computational and experimental results for the new micromixing model

Baldyga J., Bourne J.R., in Encyclopedia of Fluid Mechanics, vol. 1 "Flow Phenomena and Measurements", N.P. Cheremisinoff (ed.), Gulf Publishing Company, Houston, **1986**, pp.147-201
Principles of micromixing

Baldyga J., Bourne J.R., Chem. Eng. Journ. 42 (**1989 a**), 83-92
Simplification of micromixing calculations. I. Derivation and application of new model

Baldyga J., Bourne J.R., Chem. Eng. Journ. 42 (**1989 b**), 93-101
Simplification of micromixing calculations. II. New applications

Baldyga J., Bourne J.R., Chem. Eng. Journ. 45 (**1990**), 25-31
Comparison of the engulfment and interaction-by-exchange-with-the-mean models

Baldyga J., Pohorecki R., Chem. Eng. Journ. 58 (**1995**), 183-195
Turbulent micromixing in chemical reactors – a review

Baldyga J., Bourne J.R., Walker B., Can. Journ. Chem. Eng. 76 (**1998**) 6, 641-649
Non-isothermal micromixing in turbulent liquids: theory and experiment

Baldyga J., Bourne J.R., Wiley&Sons, Chichester, **1999**
Turbulent mixing and chemical reactions

Baldyga J., Henczka M., Makowski L., . IChemE A 79 (**2001**) Nov, 895-900
Effects of mixing on parallel chemical reactions in a continuous-flow stirred-tank reactor

Barresi A. A., Marchisio D., Baldi G., Chem. Eng. Sci. 54 (**1999**) 13-14, 2339-2349
On the role of micro- and mesomixing in a continuous Couette-type precipitator

Berlman I.B., Academic Press, NY, London, **1971**
Handbook of fluorescence spectra of aromatic molecules

Bjorklund I.S., Kays W.M.., Journ. Heat Transfer (Trans. ASME) 81 (**1959**) 8, 175-186
Heat transfer between concentric rotating cylinders

Bohuon P., Le Maguer M., Raoult-Wack A.L., J. Chem. Eng. Data 42 (**1997**) 2, 266-269
Densities and viscosities of ternary systems of NaCl-Sucrose-Water from 283,15 to 303,15 K

Bothe D., Stemich C., Warnecke H.J., Chem. Ing. Techn. 79 (**2004**) 10, 1480-1484
Theoretische und experimentelle Untersuchungen der Mischvorgänge in T-förmigen Mikroreaktoren – Teil 1: Numerische Simulation und Beurteilung des Strömungsmischens

Bourne J.R., Org. Proc. Res. Devel. 7 (**2003**) 4, 471-508
Mixing and selectivity of chemical reactions

Bouwmans I., van den Akker H.E.A., Fluid Mixing IV, IChemE. Symposium Series No. 121 (**1990**), pp. 1-12
The influence of viscosity and density differences on mixing times in stirred vessels

Bouwmans I., Bakker A., van den Akker H.E.A., Trans. IChemE., Vol. 75, Part A, Nov. **1997**
Blending liquids of differing viscosities and densities in stirred vessels

Bradshaw P., Oxford, Pergamon Press, **1971**
An introduction to turbulence and its measurement

Buckingham E., Phys. Rev. 4 (**1914**) 4, 345-376
On physically similar systems: illustrations of the use of dimensional equations

Buckingham E., Nature 96 (**1915**) 2406, 396-397
The principle of similitude

Campero R. J., Vigil R. D., Chem Eng Sci, 52 (**1997**) 19, 3303-3310
Axial dispersion during low Reynolds number Taylor-Couette flow: intra-vortex mixing effects

Candrasekhar S., Proc. Roy. Soc. Lond. A, Vol. 246 (**1958**) 1246, pp. 301-311
The Stability of Viscous Flow between Rotating Cylinders

Chung K.C., Astill K.N., J. Fluid Mech. 81 (**1977**) 4, 641-655
Hydrodynamic instability of viscous flow between rotating coaxial cylinders with fully developed axial flow

Cole J.A., J. Fluid Mech. 75 (**1976**) 1, 1-15
Taylor-vortex instability and annulus length effects

Coles D., J.Fluid.Mech. 21 (**1965**), 385-425
Transition in Circular Couette flow

Coney J.E.R., Simmers D.A., Journ. Mech. Eng. Sci. 21 (**1979**) 1, 19-24
A study of fully-developed, laminar, axial flow and Taylor vortex flow by means of shear stress measurements

Corrsin S., Phys. Fluids 7 (**1964**) 8, pp. 1156-1159
Further generalization of Onsager's cascade model for turbulence spectra

Corrsin S., AIChE Journ. 3 (**1957**) 3, 329-330
Simple Theory of an idealized turbulent mixer

Couette M., Ann. Chim. Phys. 21 (**1890**), pp. 443-510
Etudes sur le frottement des liquids

Coufort C., Bouyer D., Line A., Chem. Eng. Sci. 60 (**2005**) 8-9, 2179-2192
Flocculation related to local hydrodynamics in a Taylor-Couette reactor and in a jar

Croockewit P., Honig C.C., Kramers H., Chem. Eng. Sci. 4 (**1955**) 3, 111-118
Longitudinal diffusion in liquid flow through an annulus between a stationary outer cylinder and a rotating inner cylinder,

Danckwerts P.V, Appl. Sci. Res. A, Vol. 3 (**1952**) 4, 279-296
The definition and measurement of some characteristics of mixtures

Danckwerts P.V., Chem. Eng. Sci. 8 (**1958**) 1-2, 93-102
The effect of incomplete mixing on homogeneous reactions

Davey A., J. Fluid Mech. 14 (**1962**), pp. 336-368
The growth of Taylor vortices in flow between rotating cylinders

Davey A., DiPrima R.C., Stuart J.T., Journ. Fluid Mech. 31 (**1968**) 3, 17-52
On the stability of Taylor vortices

Denbigh K.G., Trans. Faraday Soc. 40 (**1944**), 352-373
Velocity and yield in continuous reaction systems

Desmet G., Verelst H., Baron G.V., Chem. Eng. Sci. 51 (**1996 a**) 8, 1287-1298
Local and global dispersion effects in Couette-Taylor flow - I. Description and modeling of the dispersion effects

Desmet G., Verelst H., Baron G.V., Chem. Eng. Sci. 51 (**1996 b**) 8, 1299-1310
Local and global dispersion effects in Couette-Taylor flow - II. Quantitative measurements and discussion of the reactor performance

Desmet G., Verelst H., Baron G V., Chemical Chem. Eng. Sci. 52 (**1997 a**) 14, 2383-2402
Transient and stationary axial dispersion in vortex array flows - I. Axial scan measurements and modeling of transient dispersion effects

Desmet G., Verelst H., Baron G V., Chem. Eng. Sci. 52 (**1997 b**) 14, 2403-2419
Transient and stationary axial dispersion in vortex array flows - II. Decoupling of inter- and intra-vortex transport phenomena

Detrez C., David R., Villermaux J., Proc. of 6th Europ. Conf. on Mixing, Italy, 24-26 May, **1988**, pp. 153-159
New developments of the precipitation method for the study of local micromixing efficiency in mixing devices

Di Prima R.C., J. Fluid Mech. 9 (**1960**), 621-631
The stability of a viscous fluid between rotating cylinders with an axial flow

Di Prima R.C., Pridor A., Proc. R. Soc. London, Ser. A 366 (**1979**) 1727, 555-573
The stability of viscous flow between rotating concentric cylinders with an axial flow

Di Prima R.C., Swinney H.L., in "Hydrodynamic instabilities and the transition to turbulence", Topics in Applied Physics Vol. 45, Swinney H.L. and Gollub J.P. (eds), Springer Verlag, Berlin (**1981**) 139-180
Instabilities and transition in flow between concentric rotating cylinders

Dodd L.E., J. Phys. Chem. 31 (**1927**) 12, 1761-1789
A method for comparing the times of mixing of two transparent liquids in different proportions, and some experimental results, particularly with gasoline and carbon bisulfide

Donnelly R.J., Proc. Roy. Soc. Lon. Ser. A, 246 (**1958**) 1246, 312-325
Experiments on the stability of viscous flow between rotating cylinders. I. Torque measurements

Donnelly R.J., Fultz D., Proc. Roy. Soc. Lon. Ser. A, 258 (**1960 a**) 1292, 101-123
Experiments on the stability of viscous flow between rotating cylinders. II. Visual observations

Donnelly R.J., Fultz D., Proc. Nation. Ac. Sci. USA, 46 (**1960 b**) 8, 1150-1154
Experiments on the stability of spiral flow between rotating cylinders

Donnelly R.J., Simon N.J., J. Fluid Mech. 7 (**1960**), 401-418
An empirical relation for supercritical flow between rotating cylinders

Donnelly R.J., Physics Today, Nov. **1991**, pp. 32-39
Taylor-Couette Flow: The early days

Dring R.P., Journ. of Fluids Eng., Vol. 104 (**1982**) 3, 15-17
Sizing Criteria for Laser Anemometry Particles

Dutta P.K., Ray A.K., Chem. Eng. Sci. 59 (**2004**) 22-23, 5249-5259
Experimental investigation of Taylor vortex photocatalytic reactor for water purification

Enokida Y., Nakata K., Suzuki A., AIChE Journ. 35(**1989**) 7, 1211-1214
Axial turbulent diffusion in fluid between rotating coaxial cylinders,

Esser A., Grossman S., Phys.Fluids 8 (**1995**) 7, 1814-1819
Analytic expression for Taylor-Couette stability boundary

Fahidy T.Z., Mohd S.Q., in Encyclopedia of Fluid Mechanics, vol. 1 "Flow Phenomena and Measurements", N.P. Cheremisinoff (ed.), Gulf Publishing Company, Houston, **1986**, pp.400-432
Principles of dimensional analysis

Fall A., Lecoq O., David R., Trans. IChemE, Vol. 79 A (**2001**) 11, 876-882
Characterization of mixing in a stirred tank by planar laser induced fluorescence (P.L.I.F.)

Fitzer E., Fritz W., Emig G., Springer, Berlin, **1995**
Technische Chemie, 4. Aufl.

Fournier M.-C., Falk L., Villermaux J., Chem. Eng. Sci. 51 (**1996 a**) 22, 5053-5064
A new parallel reaction system for assessing micromixing efficiency – experimental approach

Fournier M.-C., Falk L., Villermaux J., Chem. Eng. Sci. 51 (**1996 b**) 23, 5187-5192
A new parallel reaction system for assessing micromixing efficiency – determination of micromixing time by a simple mixing model

Gaskey S., Vacus P., David R., Andre J.C., Villermaux J., Proc. of 6th Europ. Conf. on Mixing, Pavia, Italy: 24-26 May, **1988**, pp. 129-136
Investigation of concentration fluctuations in a continuous stirred tank by space resolved fluorescence spectroscopy

Giordano R.C., Giordano R.L., Prazeres D.M.F., Cooney C.L., Chem. Eng. Sci. 53 (**1998**) 20, 3635-3652
Analysis of a Taylor-Poiseuille vortex flow reactor-I: Flow patterns and mass transfer characteristics

Giordano R.L.C., Giordano R.C., Prazers D.M.F., Cooney C.L., Chem. Eng. Sci, 55 (**2000**) 18, 3611-3626
Analysis of a Taylor-Poiseuille vortex flow reactor – II: reactor modeling and performance assessment using glucose-fructose isomerization as a test reaction

Gravas N., Martin B.W., J. Fluid Mech. 86 (**1978**), 385-394
Instability of viscous axial flow in annuli having a rotating inner cylinder

Grossmann H., Diss. TU München, **1982**
Betriebszustände in Rührwerken beim Dispergieren nicht mischbarer Flüssigkeiten

Guichardon P., Falk L., Chem. Eng. Sci. 55 (**2000**), 4233-4243
Characterization of micromixing efficiency by the iodide-iodate reaction system. Part I: experimental procedure

Guichardon P., Falk L., Villermaux J., Chem. Eng. Sci. 55 (**2000**), 4245-4253
Characterization of micromixing efficiency by the iodide-iodate reaction system. Part II: kinetic study

Guichardon P., Falk L., Andrieu M., Trans. IChemE A 79 (**2001**) Nov, 906-914
Experimental comparison of the iodide-iodate and the diazo coupling micromixing test reactions in stirred reactors

Hasoon M.A., Martin B.W., Proc R. Soc. London, Ser. A 352 (**1977**) 1670, 351-380
The stability of viscous axial flow in an annulus with a rotating inner cylinder

Haut B., Ben Amor H., Coulon L., Jacquet A., Halloin V., Chem. Eng. Sci. 59 (**2003**) 3-6, 777-784
Hydrodynamics and mass transfer in a Couette-Taylor bioreactor for the culture of animal cells

Helland K.N., Van Atta C.W., Stegen G.R., J. Fluid Mech. 79 (**1977**) 2, pp. 337-359
Spectral energy transfer in high Reynolds number turbulence

Hiby J., Proc. of 6th Europ. Conf. on Mixing, Pavia, Italy: 24-26 May, **1988**, pp. 123-128
Decolouring of chemical indicators: Applications and limitations

Hinze J.O., McGraw-Hill, New York, **1975**,
Turbulence

Hixson A.W., Ind. Eng. Chem. 36 (**1944**) 6, 488-496
Nature and measure of agitation

Houcine I., Vivier H., Plasari E., David R., Villermaux J., Exp. in Fluids 22 (**1996**) 95-102
Planar laser induced fluorescence technique for measurements of concentration fields in continuous stirred tank reactors

Iosilevskii G., Brenner H., Moore C.M.V., Cooney C.L., Phil. Trans. R. Soc. Lond. A (**1993**) 345, 259-294
Mass transport and chemical reaction in Taylor-vortex flows with entrained catalytic particles: application to a novel class of immobilized enzyme biochemical reactors

Jones P.N., Özcan-Taskin G.N., Chem. Eng. Technol., 28 (**2005**) 8, 908-914
Effect of physical property differences on Blending

Judat B., Racina A., Kind M., Chem. Eng. Technol. 27 (**2004**) 3, pp. 287-292
Macro- and micromixing in a Taylor-Couette reactor with axial flow and their influence on the precipitation of barium sulphate

Jung W.M., Kang S.H., Kim W.-S., Choi C.K., Chem. Eng. Sci. 55 (**2000**) 733-747
Particle morphology of calcium carbonate precipitated by gas-liquid reaction in a Couette-Taylor reactor

Kafarov V.V., Glebov M.B., Moskau: Vysschaya Schkola, **1991**
Mathematische Modellierung der Hauptprozesse in chemischer Verfahrenstechnik,

Karasso P.S., Mungal M.G., Exp. in Fluids 23 (**1997**) 382-387
PLIF measurements in aqueous flows using the Nd : YAG laser

Kataoka K., Doi H., Futagawa M., Journ. Chem. Eng. Jap. 8 (**1975**) 6, 472-476
Ideal plug flow properties of Taylor vortex flow

Kataoka K., Takigawa T., AIChE Journ. 27 (**1981**) 3, 504-508
Intermixing over cell boundary between Taylor vortices

Kataoka K., in Encyclopedia of Fluid Mechanics, vol. 1 "Flow Phenomena and Measurements", N.P. Cheremisinoff (ed.), Gulf Publishing Company, Houston, **1986**, pp. 236-274
Taylor vortices and instabilities in circular Couette flow

Kataoka K., Ohmura N., Kouzu M., Simamura Y., Okubo M., Chem. Eng. Sci. 50 (**1995**) 9, 1409-1416
Emulsion polymerization of styrene in a continuous Taylor vortex flow reactor

Khan F.R., Rielly C.D., Hargrave, G., Chem. Eng. Technol. 27 (**2004**) 3, pp. 264-269
A multi-block approach to obtain angle-resolved PIV measurements of the mean flow and turbulence fields in a stirred vessel

Kolmogorov A.N., C.R. Acad. Sci. USSR, 30 (**1941 a**), p. 301-305
The local structure of turbulence in incompressible viscous fluid for very large Reynolds numbers

Kolmogorov A.N., C.R. Acad. Sci. USSR, 32 (**1941 b**), p. 16-18
Dissipation of energy in locally isotropic turbulence

Kossak, S., **2004**, Dissertation, Universität Hamburg
Kontinuierliche Lösungspolymerisation von Acrylmonomeren in Taylor-Reaktor

Lathrop D.P., Fineberg J., Swinney H.L., Physical review A, Vol. 46 (**1992**) 10, 6390-6405
Transition to shear driven turbulence in Couette-Taylor flow

Levenspiel O., Wiley-Verlag, New York, **1972**
Chemical reaction engineering

Lewis G.S., Swinney H.L., Phys. Rev. E, 59 (**1999**) 5, 5457-5467
Velocity structure functions, scaling, and transitions in high-Reynolds-number Couette-Taylor flow

Lim T.T., Tan K.S., Physics of Fluids 16 (**2004**) 1, 140-144
A note on power-law scaling in a Talor-Couette flow

Lima M.M.C.L., Palma J.M.L.M., Areal P.M., 11th Int. Symp. on Appl. of Laser Techn. to Fluid Mech., 8-11 July **2002** Lisbon Portugal
Scalar Measurements by Laser Induced Fluorescence

Lin J.-T., Phys. Fluids 15 (**1972**) 1, pp. 205-207
Velocity Spectrum of Locally Isotropic Turbulence in the Inertial and Dissipation Ranges

Liu C.I., Lee D.J., Chem. Eng. Sci. 54 (**1999**) 13-14, pp. 2883-2888
Micromixing effects in a Couette flow reactor

Lueptow R.M., Docter A., Min K., Phys. Fluids A 4 (**1992**) 11, 2446-2455
Stability of axial flow in an annulus with a rotating inner cylinder

Mallock A., Proc. Roy. Soc. Lon. 45 (**1888-1889**), 126-132
Determination of viscosity of water

Mallock A., Phil. Trans. Roy. Soc. Lon. A 187 (**1896**), 41-56
Experiments on fluid viscosity

Manna L., Chem. Eng. Journ. 67 (**1997**), 167-173
Comparison between physical and chemical methods for the measurement of mixing times

Mohr W.D., Saxton R.L., Jepson C.H., Ind. Eng. Chem. 49 (**1957**) 11, 1855-1859
Mixing in laminar-flow systems

Moore C.M.V. PhD Thesis, Dept. of Chem. Eng., MIT **1994**
Characterization of a Taylor-Couette vortex flow reactor

Moore C., Cooney C. L, AIChE Journ. 41(**1995**) 3, 723-727
Axial Dispersion in Taylor-Couette Flow (R&D Note),

Murakami Y., Fujimoto K., Uotani S., Journ. Chem. Eng. Japan 5 (**1972**) 1, 85-86
The homogenizing process in high viscosity materials having different viscosities

Ng B.S., Turner E.R., Proc. R. Soc. London, Ser. A 382 (**1982**) 1782, 83-102
On the linear stability of spiral flow between rotating cylinders

Norwood K.W., Metzner A.B., AIChE Journ. 6 (**1960**) 3, 432-437
Flow patterns and mixing rates in agitated vessels

Ogihara T., Matsuda G., Yanagawa T., Ogata N., Fujita K., Nomura M., J. Cer. Soc. Jap., Int. Edition, 103 (**1995**) 151-154
Continuous synthesis of monodispersed silica particles using Couette-Taylor vortex flow

Ohmura N., Kataoka K., Shibata Y., Makino T., Chem.Eng.Sci. 52 (**1997**) 11, 1757-1765
Effective mass diffusion over cell boundaries in a Taylor-Couette flow system

Ohmura N., Makino T., Motomura A., Shibata Y., Kataoka K., Int. J. of Heat Fluid Flow, 19 (**1998**) 7, 159-166
Intercellular mass transfer in wavy/turbulent Taylor vortex flow

Ohmura N., Okamoto H., Makino T., Kataoka K., Journ. Chem. Eng. Jap. 35 (**2002**) 7, 692-695
Effect of inhomogeneous mixing on chemical reaction in a Taylor Vortex Flow Reactor

Ouyang Q., Swinney H.L., Roux J.C., De Kepper P., Boissonade J., AIChE Journ. 38 (**1992**), 502-510
Recovery of short-lived chemical species in a Couette flow reactor

Pao Y.-H., Phys. Fluids 8 (**1965**) 6, pp. 1063-1075
Structure of Turbulent Velocity and Scalar Fields at Large Wavenumbers

Papadopoulos G., Guillard F., in Computational Methods and Experimental Measurements XI, Brebbia C.A., Carlomagno G.M., Anagnostopoulos P. (eds.), Witpress Boston., **2004**, pp. 575-585
Image-based diagnostics for flow field characterisation

Parker J., Merati P., J. Fluids Eng. 118 (**1996**) 12, 810-818
An investigation of turbulent Taylor-Couette flow using Laser-Doppler velocimetry in a refractive index matched facility

Patwardhan A.W., Pandit A.B., Joshi J.B., Chem. Eng. Sci. 58 (**2003**), 2951-2962
The role of convection and turbulent dispersion in blending

Pudjiono P.I., Tavare N.S., Garside J., Nigam K.D.P., Chem. Eng. Journ. 48 (**1992**), 101-110
Residence time distribution from a continuous Couette flow device

Racina A., Kind M., Exp. In Fluids 41 (**2006**) 3, pp. 513-522
Specific power input and local micromixing times in turbulent Taylor–Couette flow

Raffel M., Willert C.E., Kompenhans J. Berlin: Springer, **1998**
Particle Image Velocimetry: a practical guide.

Resende M.M., Tardioli P.W., Fernandez V.M., Ferreira A.L.O., Giordano R.L.C., Giordano R.C., Chem. Eng. Sci. 56 (**2001**) 3, 755-761
Distribution of suspended particles in a Taylor-Poisseuille vortex flow reactor

Rielly C.D., Pandit A.B., Proc. of 6th Europ. Conf. on Mixing, Pavia, Italy: 24-26 May, **1988**, pp. 69-77
The mixing of Newtonian liquids with large density and viscosity differences in mechanically agitated contactors

Rosensweig R.E., AIChE Journ. 10 (**1964**) 1, 91-97
Idealized theory for turbulent mixing in vessels

Rozen A., Baldyga J., INZYNIERIA CHEMICZNA I PROCESOWA 25 (2): 439-454 **2004**
Instability of Couette flow of two liquids differing in viscosity

Rushton J.H., Ind. Eng. Chem. 38 (**1946**) 1; 12-13
Mixing

Rushton J.H., Ind. Eng. Chem. 39 (**1947**) 1; 30; 42
Mixing

Rushton J.H., Ind. Eng. Chem. 40 (**1948**) 1; 49-50
Mixing

Rushton J.H., Ind. Eng. Chem. 41 (**1949**) 1; 61-64
Mixing

Rushton J.H., Ind. Eng. Chem. 42 (**1950**) 1; 74-76
Mixing

Rushton J.H., Ind. Eng. Chem. 43 (**1951**) 1; 111-114
Mixing

Rushton J.H., Ind. Eng. Chem. 45 (**1953**) 1; 93-95
Mixing

Rushton J.H., Ind. Eng. Chem. 44 (**1952**) 12, 2931-2936
Mixing of liquids in chemical processing

Rushton J.H., Ind. Eng. Chem. 46 (**1954**) 1; 133-137
Mixing

Rushton J.H., Ind. Eng. Chem. 48 (**1956**) 3; 552-555
Mixing

Rushton J.H., Ind. Eng. Chem. 49 (**1957**) 3(2); 530-533
Mixing

Rushton J.H., Ind. Eng. Chem. 51 (**1959**) 3(2); 392-394
Mixing

Rys P., Chimia 46 (**1992**) 12, 469-476
The mixing-sensitive product distribution of chemical reactions

Schlichting H., Gersten K., Springer, Berlin, **2000**
Boundary layer theory

Schlüter M., Hoffmann M., Räbiger N., Chem. Ing. Techn. 76 (**2004**) 11, 1682-1688
Theoretische und experimentelle Untersuchungen der Mischvorgänge in T-förmigen Mikroreaktoren – Teil 2: Experimentelle Untersuchung des Strömungsmischens

Schwarzer H.C., Peukert W., Chem. Eng. Technol. 25 (**2002**) 6, 657-661
Experimental investigation into the influence of mixing on nanoparticle precipitation

Sczechowski J. G., Koval C.A., Noble R.D., Chem. Eng. Sci. 50 (**1995**) 20, 3163-3173
A Taylor vortex reactor for heterogeneous photocatalysis

Shan J.W., Lang D.B., Dimotakis P.E., Exp. in Fluids 36 (**2004**) 268-273
Scalar concentration measurements in liquid-phase flows with pulsed laser

Shankar P.N., Kumar M, Proc. Roy. Soc. Lond. A, Vol. 444 (**1994**) Nr. 1922, 573-581
Experimental determination of the kinematic viscosity of glycerol-water mixtures

Sharp K.V., Kim K.C., Adrian R., in Selected Papers from the 9th Int. Symp. on Appl. of Laser Techn. to Fluid Mech. (ed. R.J. Adrian) pp. 337-354, Berlin: Springer, **2000**
Dissipation estimation around a Rushton turbine using particle image velocimetry

Sharp K.V., Adrian R.J., AIChE J. 47 (**2001**) 4, 766-778
PIV study of small-scale flow structure around a Rushton turbine

Shenoy U.V., Toor H.L., Proc. of 6th Europ. Conf. on Mixing, Pavia, Italy: 24-26 May, **1988**, pp. 115-122
Micromixing measurements with chemical indicators

Smith J.M., Schoenmakers A.W., Chem. Eng. Res. Des. 66 (**1988**), 1, 16-21
Blending of liquids of differing viscosity

Snyder H.A., Proc. R. Soc. London Ser. A 265 (**1962**) 1321, 198-214
Experiments on the stability of spiral flow at low axial Reynolds numbers

Spencer R.S., Wiley R.M., Journ. Colloid Sci. 6 (**1951**) 2, 133-145
The mixing of very viscous liquids

Stuart J.T., Journ. Fluid Mech. 4 (**1958**) 1, 1-21
On the non-linear mechanics of hydrodynamic stability

Tam W.Y., Swinney H.L., Phys.Rev. A 36 (**1987**), 1374-1381
Mass transport in turbulent Couette-Taylor flow

Taylor G.I., Philos. Trans. Roy. Soc. Lond. A 223 (**1923**), pp. 289-343
Stability of a viscous fluid contained between two rotating cylinders

Tosun G., Proc. of 6th Europ. Conf. on Mixing, Pavia, Italy: 24-26 May, **1988**, pp. 161-170
An experimental study of the effect of mixing on the particle size distribution in BaSO4 precipitation reaction

Tsameret A., Steinberg V., Phys. Rev. E 49 (**1994**) 5, 4077-4086
Competing states in a Couette-Taylor system with an axial flow

Vicum L., Ottiger S., Mazzotti M., Makowski L., Baldyga J., Chem. Eng. Sci. 59 (**2004**), 1767-1781
Multi-scale modeling of a reactive mixing process in a semibatch stirred tank

Vigil R.D., Ouyang Q., Swinney H.L., J. Chem. Phys. 96 (**1992**), 6126-6131
Spatial variation of a short-lived intermediate chemical species in a Couette reactor

Villermaux J., in Encyclopedia of Fluid Mechanics, vol. 2 "Dynamics of Single-Fluid Flows and Mixing", N.P. Cheremisinoff (ed.), Gulf Publishing Company, Houston, **1986**, pp.707-772
Micromixing phenomena in stirred reactors

Villemaux J., Falk J., Chem. Eng. Sci. 49 (**1994**) 24B, 5127-5140
A generalized mixing model for initial contacting of reactive fluids

Wang L., Olsen M.G., Vigil R.D., Chem. Eng. Sci. 60 (**2005**) 20, 5555-5568
Reappearance of azimuthal waves in turbulent Taylor-Couette flow at large aspect ratio

Wendt F., Ing. Arch. 4 (**1933**), 577-595
Turbulente Strömungen zwischen zwei rotierenden konaxialen Zylindern

Wereley S.T., Lueptow R.M., Exp. Fluids 18 (**1994**), 1-9
Azimuthal velocity in supercritical circular Couette flow

Westerweel J., Draad A.A., van der Hoeven J.G.Th., van Oord J., Exp. In Fluids 20 (**1996**), 165-177
Measurement of fully-developed turbulent pipe flow with digital particle image velocimetry

Yim S.S.S., Lo M.Y.A., Titchener-Hooker N., Ayazi Shamlou P., Bioproc. Eng. 19 (**1998**) 221-227
The dependence of residence time distribution on flow in co-axial cylinder devices

Zhu X., Campero R. J., Vigil R.D., Chem. Eng. Sci. 55 (**2000**) 21, 5079-5087
Axial mass transport in liquid-liquid Taylor-Couette-Poiseuille flow

Zhu X., Vigil R.D., AIChE J 47 (**2001**) 9, 1932-1940
Banded liquid-liquid Taylor-Couette-Poiseuille flow

Zierep J., Karlsruhe: Braun, **1991**
Ähnlichkeitsgesetze und Modellregeln der Strömungslehre, 3., überarb. Aufl

Zlokarnik M., Chem. Ing. Techn. 42. (**1970)** 15
Einfluss der Dichte- und Zähigkeitsunterschiede auf die Mischzeit beim Homogenisieren von Flüssigkeitsgemischen

Zlokarnik M., Springer-Verlag Berlin, **1991**
Dimensional Analysis and Scale-Up in Chemical Engineering

Zwietering T.N., Chem. Eng. Sci. 11 (**1959**) 1, 1-15
The degree of mixing in continuous flow systems

A. Geschwindigkeitsvektorfelder

Tabelle A.1. *Durchgeführte PIV Versuche*

Geometrie:		Kleiner Innenzylinder*) (η=0,663, $Re_{\phi,krit}$ = 75,2)			Mittlerer Innenzylinder*) (η=0,758, $Re_{\phi,krit}$ = 88,3)			Großer Innenzylinder (η=0,886, $Re_{\phi,krit}$ = 124,6)		
		n, min^{-1}	Re_ϕ	u_O, m/s	n, min^{-1}	Re_ϕ	u_O, m/s	n, min^{-1}	Re_ϕ	u_O, m/s
Flüssigkeit	Wasser	39	2380		60	2881				
		50	3051		110	5283				
		100	6103		240	11526				
		150	9154		350	16808				
		200	12205		500	24012				
		250	15256							
		300	18308							
	Glyzerin 20%*	39	1504		90	2517				
		50	1929		150	4195				
		85	3279		210	5874				
		100	3857		300	8391				
		150	5786		370	10349				
		171	6596		465	13006				
		200	7715							
		250	9644							
		257	9914							
		300	11572							
	Glyzerin 33%*	39	1028		50	828				
		50	1318		75	1242				
		66	1740		100	1657				
		85	2241		150	2485				
		144	3796		200	3313				
		289	7618		300	4970				
	Glyzerin 50%*	39	495		40	357				
		50	635		75	670				
		72	914		100	893				
		93	1181		150	1340				
		100	1270		200	1787				
		122	1549		300	2680				
		150	1904							
		157	1993							
		200	2539							
		267	3390							

* Eigenschaften verwendeter Glyzerinlösungen s. Abschnitt 4.6.

Legende zu den Abbildungen:

a) Zeitlich gemitteltes Geschwindigkeitsvektorfeld

b) Momentanes Geschwindigkeitsvektorfeld 1

c) Ihm entsprechendes Vektorfeld 1 der Schwankungsgeschwindigkeiten

d) Momentanes Geschwindigkeitsvektorfeld 2

e) Ihm entsprechendes Vektorfeld 2 der Schwankungsgeschwindigkeiten

Normierung der Vektoren:

10 mm langer Vektor (in Abbildungsskala) entspricht der Oberflächengeschwindigkeit des Innenzylinders

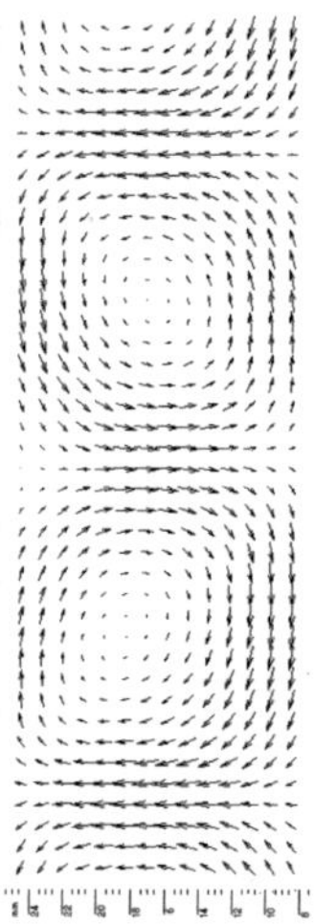

a) b) c) d) e)

Abb. A.1. *Geschwindigkeitsvektorfelder bei* $Re_\phi = 2380$: $\eta = 0.63$, *Wasser*, $n = 39\ min^{-1}$

a) b) c) d) e)

Abb. A.2. *Geschwindigkeitsvektorfelder bei $Re_\phi = 3051$: $\eta = 0.63$, Wasser, $n = 50\ min^{-1}$*

a) b) c) d) e)

Abb. A.3. *Geschwindigkeitsvektorfelder bei $Re_\phi = 6103$: $\eta = 0.63$, Wasser, $n = 100\ min^{-1}$*

a) b) c) d) e)

Abb. A.4. *Geschwindigkeitsvektorfelder bei* $Re_\phi = 9154$*:* $\eta = 0.63$*, Wasser,* $n = 150\ min^{-1}$

a) b) c) d) e)

Abb. A.5. *Geschwindigkeitsvektorfelder bei* $Re_\phi = 12205$*:* $\eta = 0.63$*, Wasser,* $n = 200\ min^{-1}$

a) b) c) d) e)

Abb. A.6. *Geschwindigkeitsvektorfelder bei $Re_\phi = 15256$: $\eta = 0.63$, Wasser, $n = 250\ min^{-1}$*

a) b) c) d) e)

Abb. A.7. *Geschwindigkeitsvektorfelder bei $Re_\phi = 18308$: $\eta = 0.63$, Wasser, $n = 300\ min^{-1}$*

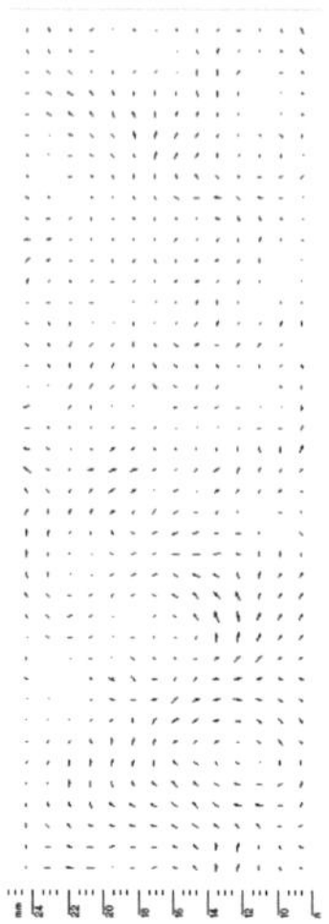

a) b) c) d) e)

Abb. A.8. *Geschwindigkeitsvektorfelder bei $Re_\phi = 1504$: $\eta = 0.63$, Glyzerin 20%, $n = 39\ min^{-1}$*

a) b) c) d) e)

Abb. A.9. *Geschwindigkeitsvektorfelder bei $Re_\phi = 1929$: $\eta = 0.63$, Glyzerin 20%, $n = 50\ min^{-1}$*

a) b) c) d) e)

Abb. A.10. *Geschwindigkeitsvektorfelder bei* $Re_{\phi} = 3857$*:* $\eta = 0.63$*, Glyzerin 20%,* $n = 100\ min^{-1}$

a) b) c) d) e)

Abb. A.11. *Geschwindigkeitsvektorfelder bei* $Re_{\phi} = 5786$*:* $\eta = 0.63$*, Glyzerin 20%,* $n = 150\ min^{-1}$

a) b) c) d) e)

Abb. A.12. *Geschwindigkeitsvektorfelder bei* $Re_\phi = 7715$*:* $\eta = 0.63$*, Glyzerin 20%,* $n = 200\ min^{-1}$

a) b) c) d) e)

Abb. A.13. *Geschwindigkeitsvektorfelder bei* $Re_\phi = 9644$*:* $\eta = 0.63$*, Glyzerin 20%,* $n = 250\ min^{-1}$

a) b) c) d) e)

Abb. A.14. *Geschwindigkeitsvektorfelder bei* $Re_\phi = 11572$: $\eta = 0.63$, *Glyzerin 20%,* $n = 300\ min^{-1}$

a) b) c) d) e)

Abb. A.15. *Geschwindigkeitsvektorfelder bei* $Re_\phi = 2881$: $\eta = 0.758$, *Wasser,* $n = 60\ min^{-1}$

a) b) c) d) e)

Abb. A.16. *Geschwindigkeitsvektorfelder bei* $Re_\phi = 5283$*:* $\eta = 0.758$*, Wasser,* $n = 110\ min^{-1}$

a) b) c) d) e)

Abb. A.17. *Geschwindigkeitsvektorfelder bei* $Re_\phi = 11526$*:* $\eta = 0.758$*, Wasser,* $n = 240\ min^{-1}$

a) b) c) d) e)

Abb. A.18. *Geschwindigkeitsvektorfelder bei* $Re_\phi = 16808$: $\eta = 0.758$, *Wasser*, $n = 350\ min^{-1}$

a) b) c) d) e)

Abb. A.19. *Geschwindigkeitsvektorfelder bei* $Re_\phi = 24012$: $\eta = 0.758$, *Wasser*, $n = 500\ min^{-1}$

B. Konzentrationsfelder

Tabelle B.1. *Auflistung aller durchgeführten LIF Versuche*

η	μ_1, Pa·s (Fluid 1*)	μ_2, Pa·s (Fluid 2*)	$\dot{V}$ gesamt, l/h	$\dot{V}$ Tracer, ml/h	$\overline{C}$, µg/l	Re_{ax}	$Re_{\phi,krit}$	Re_{ϕ}
η = 0,63 (kleiner Innenzylinder)	$1\cdot10^{-3}$	$1\cdot10^{-3}$	8,23	1000	60,8	17,9	76,5	3051,3
								6102,5
								9153,8
								12205,1
								15256,4
	$1\cdot10^{-3}$	$1\cdot10^{-3}$	20,12	1000	24,9	43,7	82,7	3051,3
								6102,5
								9153,8
								12205,1
								15256,4
	$1\cdot10^{-3}$	$1\cdot10^{-3}$	31,82	1000	15,7	69,0	92,7	3051,3
								6102,5
								9153,8
								12205,1
								15256,4
η = 0,758 (mittlerer Innenzylinder)	$1\cdot10^{-3}$	$1\cdot10^{-3}$	8,23	1000	60,8	16,6	89,9	2401,2
								4802,3
								7203,5
								9604,7
								12005,9
	$1\cdot10^{-3}$	$1\cdot10^{-3}$	20,12	1000	24,9	40,5	97,3	2401,2
								4802,3
								7203,5
								9604,7
								12005,9
η = 0,886 (großer Innenzylinder)	$1\cdot10^{-3}$	$1\cdot10^{-3}$	8,23 (7,73)	1000 (500)	60,8 (64,7)	15,4 (14,5)	126,8 (126,5)	1322,1
								1983,2
								2644,3
								3305,3
								3966,4
								4627,5
								5288,6
								6610,7
	$1\cdot10^{-3}$	$1\cdot10^{-3}$	20,12 (20,12)	1000 (1000)	24,9 (49,7)	37,7 (37,7)	137,2 (137,2)	1322,1
								1983,2
								2644,3
								3305,3
								3966,4
								4627,5
								5288,6
								6610,7

η	μ_1, Pa·s (Fluid 1*)	μ_2, Pa·s (Fluid 2*)	$\dot{V}_{\text{gesamt}}$, l/h	$\dot{V}_{\text{Tracer}}$, ml/h	$\overline{C}$, µg/l	Re_{ax}	$Re_{\phi,\text{krit}}$	Re_ϕ
$\eta = 0{,}63$ (kleiner Innenzylinder)	$10\cdot10^{-3}$	$1\cdot10^{-3}$	15,41	500	32,4	4,2	75,3	393,3
								786,6
								944,0
								1180,0
	$10\cdot10^{-3}$	$1\cdot10^{-3}$	22,02	716	32,5	6,0	75,3	393,3
								786,6
								1180,0
	$10\cdot10^{-3}$	$1\cdot10^{-3}$	26,41	849	32,1	7,1	75,4	393,3
								786,6
								1180,0
	$10\cdot10^{-3}$	$10\cdot10^{-3}$	15,41	500	32,4	3,9	75,3	369,0
								737,9
								885,5
								1106,9
	$10\cdot10^{-3}$	$10\cdot10^{-3}$	22,02	716	32,5	5,6	75,3	369,0
								737,9
								1106,9
	$10\cdot10^{-3}$	$10\cdot10^{-3}$	26,41	849	32,1	6,7	75,4	369,0
								737,9
								1106,9
	$30\cdot10^{-3}$	$1\cdot10^{-3}$	15,76	500	31,7	1,5	75,2	141,6
								283,1
								424,7
	$30\cdot10^{-3}$	$1\cdot10^{-3}$	22,52	716	31,7	2,2	75,2	141,6
								283,1
								424,7
	$30\cdot10^{-3}$	$1\cdot10^{-3}$	27,01	849	31,4	2,6	75,2	141,6
								283,1
								424,7
	$30\cdot10^{-3}$	$30\cdot10^{-3}$	15,76	500	31,7	1,4	75,2	128,5
								257,1
								385,6
	$30\cdot10^{-3}$	$30\cdot10^{-3}$	22,52	716	31,7	2,0	75,2	128,5
								257,1
								385,6
	$30\cdot10^{-3}$	$30\cdot10^{-3}$	27,01	849	31,4	2,4	75,2	128,5
								257,1
								385,6
	$50\cdot10^{-3}$	$1\cdot10^{-3}$	15,69	500	31,9	0,9	75,2	87,6
								175,2
								262,9
	$50\cdot10^{-3}$	$1\cdot10^{-3}$	22,42	716	31,9	1,4	75,2	87,6
								175,2
								262,9
	$50\cdot10^{-3}$	$1\cdot10^{-3}$	26,89	849	31,6	1,6	75,2	87,6
								175,2
								262,9

<table>
<tr><th>η</th><th>μ_1, Pa·s (Fluid 1*)</th><th>μ_2, Pa·s (Fluid 2*)</th><th>$\dot{V}_{gesamt}$, l/h</th><th>$\dot{V}_{Tracer}$, ml/h</th><th>$\overline{C}$, µg/l</th><th>Re_{ax}</th><th>$Re_{\phi,krit}$</th><th>Re_{ϕ}</th></tr>
<tr><td rowspan="9">η = 0,63 (kleiner Innenzylinder)</td><td rowspan="3">$50 \cdot 10^{-3}$</td><td rowspan="3">$50 \cdot 10^{-3}$</td><td rowspan="3">15,69</td><td rowspan="3">500</td><td rowspan="3">31,9</td><td rowspan="3">0,8</td><td rowspan="3">75,2</td><td>78,3</td></tr>
<tr><td>156,7</td></tr>
<tr><td>235,0</td></tr>
<tr><td rowspan="3">$50 \cdot 10^{-3}$</td><td rowspan="3">$50 \cdot 10^{-3}$</td><td rowspan="3">22,42</td><td rowspan="3">716</td><td rowspan="3">31,9</td><td rowspan="3">1,2</td><td rowspan="3">75,2</td><td>78,3</td></tr>
<tr><td>156,7</td></tr>
<tr><td>235,0</td></tr>
<tr><td rowspan="3">$50 \cdot 10^{-3}$</td><td rowspan="3">$50 \cdot 10^{-3}$</td><td rowspan="3">26,89</td><td rowspan="3">849</td><td rowspan="3">31,6</td><td rowspan="3">1,5</td><td rowspan="3">75,2</td><td>78,3</td></tr>
<tr><td>156,7</td></tr>
<tr><td>235,0</td></tr>
<tr><td rowspan="21">η = 0,886 (großer Innenzylinder)</td><td rowspan="4">$30 \cdot 10^{-3}$</td><td rowspan="4">$1 \cdot 10^{-3}$</td><td rowspan="4">15,70</td><td rowspan="4">500</td><td rowspan="4">31,8</td><td rowspan="4">1,5</td><td rowspan="4">124,6</td><td>66,8</td></tr>
<tr><td>133,6</td></tr>
<tr><td>167,0</td></tr>
<tr><td>200,4</td></tr>
<tr><td rowspan="7">$30 \cdot 10^{-3}$</td><td rowspan="7">$1 \cdot 10^{-3}$</td><td rowspan="7">22,70</td><td rowspan="7">1000</td><td rowspan="7">44,1</td><td rowspan="7">2,3</td><td rowspan="7">124,6</td><td>71,4</td></tr>
<tr><td>142,9</td></tr>
<tr><td>160,0</td></tr>
<tr><td>171,5</td></tr>
<tr><td>178,6</td></tr>
<tr><td>214,3</td></tr>
<tr><td>285,8</td></tr>
<tr><td rowspan="4">$30 \cdot 10^{-3}$</td><td rowspan="4">$30 \cdot 10^{-3}$</td><td rowspan="4">15,70</td><td rowspan="4">500</td><td rowspan="4">31,8</td><td rowspan="4">1,2</td><td rowspan="4">124,6</td><td>55,7</td></tr>
<tr><td>111,4</td></tr>
<tr><td>167,1</td></tr>
<tr><td>222,8</td></tr>
<tr><td rowspan="6">$30 \cdot 10^{-3}$</td><td rowspan="6">$30 \cdot 10^{-3}$</td><td rowspan="6">22,70</td><td rowspan="6">1000</td><td rowspan="6">44,1</td><td rowspan="6">1,8</td><td rowspan="6">124,6</td><td>55,7</td></tr>
<tr><td>167,1</td></tr>
<tr><td>194,9</td></tr>
<tr><td>222,8</td></tr>
<tr><td>250,6</td></tr>
<tr><td>278,5</td></tr>
</table>

* Als Flüssigkeiten wurden Wasser sowie wässrige Zuckerlösungen verwendet. Zusammensetzung und Eigenschaften verwendeter Lösungen s. Abschnitt 4.6.

In allen Abbildungen sind die Konzentrationen auf 100 µg/l normiert. Dies bedeutet die Falschfarben entsprechend der folgenden Skala:

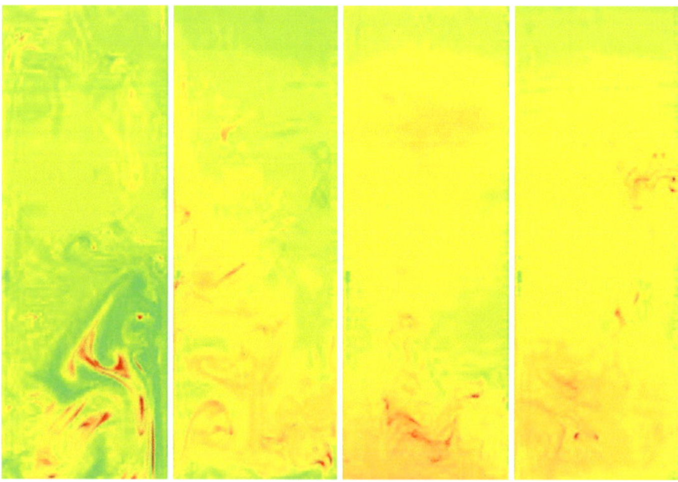

a) b) c) d) e)

Abb. B.1. *Konzentrationsfelder* $\eta = 0{,}63$, $\mu_1 = 1 \cdot 10^{-3}\ Pa{\cdot}s$, $\mu_2 = 1 \cdot 10^{-3}\ Pa{\cdot}s$, $Re_{ax} = 17{,}9$:
a) $Re_\phi = 3051{,}3$ *b)* $Re_\phi = 6102{,}5$ *c)* $Re_\phi = 9153{,}8$ *d)* $Re_\phi = 12205{,}1$ *e)* $Re_\phi = 15256{,}4$

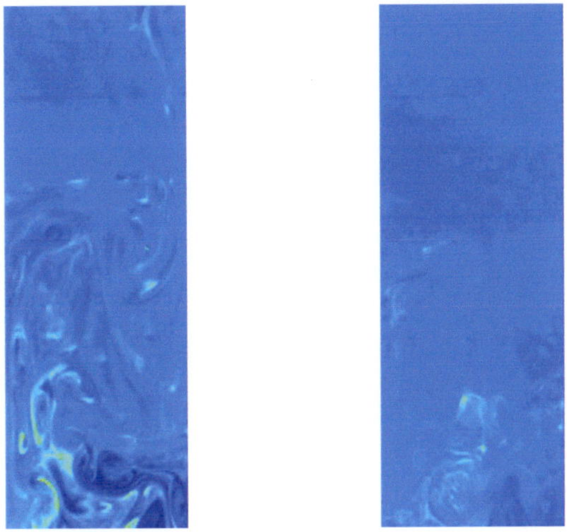

a) b) c) d) e)

Abb. B.2. *Konzentrationsfelder* $\eta = 0{,}63$, $\mu_1 = 1 \cdot 10^{-3}\ Pa \cdot s$, $\mu_2 = 1 \cdot 10^{-3}\ Pa \cdot s$, $Re_{ax} = 43{,}7$:
a) $Re_\phi = 3051{,}3$ *b)* $Re_\phi = 6102{,}5$ *c)* $Re_\phi = 9153{,}8$ *d)* $Re_\phi = 12205{,}1$ *e)* $Re_\phi = 15256{,}4$

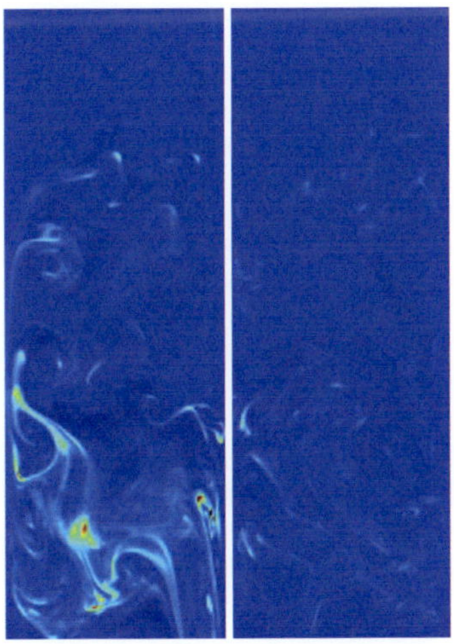

a) b) c) d) e)

Abb. B.3. *Konzentrationsfelder* $\eta = 0{,}63$, $\mu_1 = 1 \cdot 10^{-3}\ Pa \cdot s$, $\mu_2 = 1 \cdot 10^{-3}\ Pa \cdot s$, $Re_{ax} = 69{,}0$:
a) $Re_\phi = 3051{,}3$ *b)* $Re_\phi = 6102{,}5$ *c)* $Re_\phi = 9153{,}8$ *d)* $Re_\phi = 12205{,}1$ *e)* $Re_\phi = 15256{,}4$

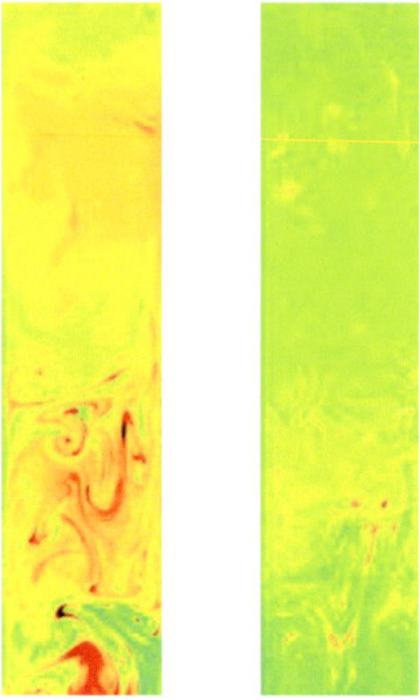

a) b) c) d) e)

Abb. B.4. *Konzentrationsfelder* $\eta = 0{,}758$, $\mu_1 = 1 \cdot 10^{-3}$ *Pa·s*, $\mu_2 = 1 \cdot 10^{-3}$ *Pa·s*, $Re_{ax} = 16{,}6$:
a) $Re_\phi = 2401{,}2$ *b)* $Re_\phi = 4802{,}3$ *c)* $Re_\phi = 7203{,}5$ *d)* $Re_\phi = 9604{,}7$ *e)* $Re_\phi = 12005{,}9$

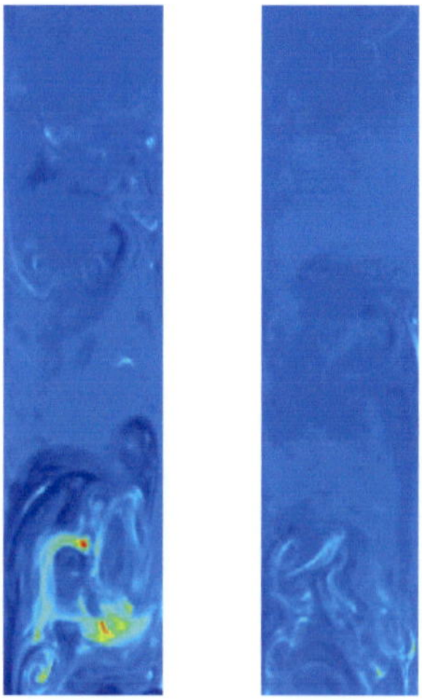

a) b) c) d) e)

Abb. B.5. *Konzentrationsfelder* $\eta = 0{,}758$, $\mu_1 = 1 \cdot 10^{-3}$ *Pa·s*, $\mu_2 = 1 \cdot 10^{-3}$ *Pa·s*, $Re_{ax} = 40{,}5$:
a) $Re_\phi = 2401{,}2$ *b)* $Re_\phi = 4802{,}3$ *c)* $Re_\phi = 7203{,}5$ *d)* $Re_\phi = 9604{,}7$ *e)* $Re_\phi = 12005{,}9$

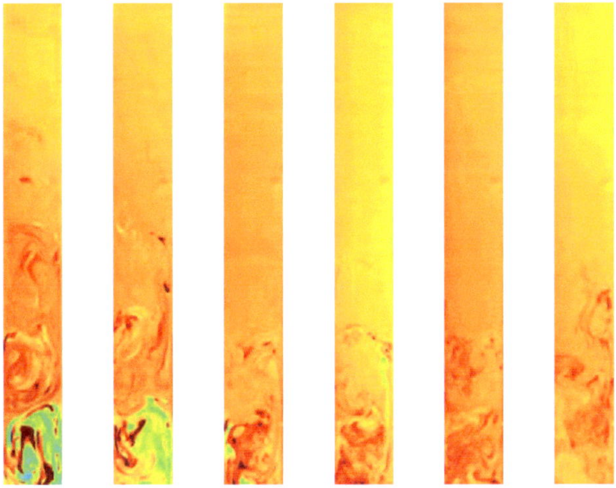

a) b) c) d) e) f) g) h)

Abb. B.6. *Konzentrationsfelder $\eta = 0{,}886$, $\mu_1 = 1\cdot10^{-3}$ Pa·s, $\mu_2 = 1\cdot10^{-3}$ Pa·s, $Re_{ax} = 15{,}4$: a) $Re_\phi = 1322{,}1$ b) $Re_\phi = 1983{,}2$ c) $Re_\phi = 2644{,}3$ d) $Re_\phi = 3305{,}3$ e) $Re_\phi = 3966{,}4$ f) $Re_\phi = 4627{,}5$ g) $Re_\phi = 5288{,}6$ h) $Re_\phi = 6610{,}7$*

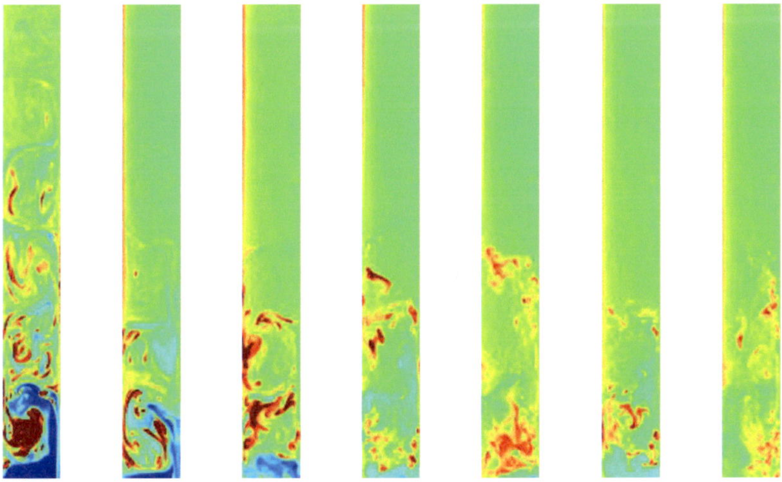

a) b) c) d) e) f) g)

Abb. B.7. *Konzentrationsfelder $\eta = 0{,}886$, $\mu_1 = 1\cdot10^{-3}$ Pa·s, $\mu_2 = 1\cdot10^{-3}$ Pa·s, $Re_{ax} = 37{,}7$: a) $Re_\phi = 1322{,}1$ b) $Re_\phi = 1983{,}2$ c) $Re_\phi = 2644{,}3$ d) $Re_\phi = 3305{,}3$ e) $Re_\phi = 3966{,}4$ f) $Re_\phi = 4627{,}5$ g) $Re_\phi = 5288{,}6$*